全国应用型院校"十二五"规划教材

数字出版数据库基础与实训指导

陈志文　主编

上海大学出版社

图书在版编目 (CIP) 数据

数字出版数据库基础与实训指导 / 陈志文主编. —上海：上海大学
出版社，2014.8

ISBN 978-7-5671-1400-5

Ⅰ.①数… Ⅱ.①陈… Ⅲ.①关系数据库系统—应用—电子出版物—
基本知识 Ⅳ.①TP311.138 ②G237.6

中国版本图书馆 CIP 数据核字 (2014) 第 173854 号

责任编辑　石伟丽
封面设计　施羲雯
技术编辑　章　斐

数字出版数据库基础与实训指导

陈志文　主编

上海大学出版社出版发行

(上海市上大路 99 号　邮政编码 200444)

(http:// www.shangdapress.com　发行热线 021–66135112)

出版人：郭纯生

*

上海上大印刷有限公司印刷　各地新华书店经销

开本 787×960　1/16　印张 13.75　字数 194 千字

2014年8月第1版　2014年8月第1次印刷

ISBN 978-7-5671-1400-5/TP · 062　定价：32.00元

序

在《国家"十二五"时期文化改革发展规划纲要》(以下简称《纲要》)中,重点提到推进文化科技创新,要"发挥文化和科技相互促进的作用,深入实施科技带动战略,增强自主创新能力"。数字出版方兴未艾,数字出版产业是文化科技创新的资源和龙头,做好数字出版技术的应用,就是积极响应《纲要》要求,推进国家数字出版产业高地建设,加快推动传统出版业转型发展。2014年4月24日,国家新闻出版广电总局和财政部联合颁布文件《关于推动新闻出版业数字化转型升级的指导意见》,明确指出:经过近几年的探索和积累,目前新闻出版业已经具备了实现整体转型升级的基础。必须发挥市场机制作用,通过政府引导、以企业为主体,加速新闻出版与科技融合,推动传统新闻出版业转型升级,提高新闻出版业在数字时代的生产力、传播力和影响力,为把文化产业打造成国民经济支柱性产业作出积极贡献。《国家中长期教育改革和发展规划纲要(2010-2020)》明确写到:"把提高质量作为重点,以服务为宗旨,以就业为导向,推进教育教学改革。实行工学结合、校企合作、顶岗实习的人才培养模式。"

青年教师在完成日常教学与科研工作的同时,能够"主动走出去与业界对接"是现代大学教育的必然趋势,一方面,可以从根本上提高教学质量;另一方面,可以拓展校企合作的深度与力度,这是现代高校教师和企业共同的社会责任。本教程的编写是响应国家政策和市场规律的要求,以校企合作为基础,以产业实践为导向,由企业提供素材与完整的数字出版物管理流程,学校教师组稿,对提高高等院校人才培养质量,特别是高职高专院校数字出版人才的培养质量具有重要的意义。

中国工程院院士

2014年6月

i

前　言

本教程基于数字出版技术，将碎片化的数字出版物进行数据库化管理，为多元发布和内容重组奠定基础，是数据库类教程在数字出版领域的一个应用创新。编者结合多年对数字出版的研究和与数字出版企业合作的经验，以及在南京大学访学所获和数届数据库教学的学生反馈情况，精心编写了本教程。教程以使用方便、易于维护、具有图形操作界面且已被国内外众多用户所使用的SQL Server 2005为数据库管理系统软件。

一、教程定位与特色

1. 定位于高职高专教学

本教程是编者在给数届高职高专学生授课后，根据学生的实际情况，针对以往同类教程不足，以满足新媒体时代下出版类学生需求的现状，特别为数字出版专业的学生编写的。数字出版物源格式经过碎片化标引为xml文件，重组成"内容不变的目标格式数字出版物"或重组成"新内容的数字出版物"，是未来数字出版的主要发展趋势之一。使用数据库管理碎片化的数字出版物内容是实现上述目标的关键环节之一。本教程以碎片化的数字出版物内容管理为完整实例，基于SQL Server 2005，有重点地讲解了数据库的基础与应用，将企业实际应用与专业知识点相结合，符合高职高专院校的办学目标，是一本真正面向高职高专学生教学的教材。

2. 教程案例新颖、适度

同类数据库教程的案例或是成绩管理系统、或是电脑销售管理系统，未能与数字出版专业或其他出版类专业紧密结合；市场上也尚未出现基于碎片化的数字出版物的数据库教程。因此，本教程所用案例专业、新颖。此外，数字出版物重组发布是一个很复杂的系统工程。本教程将企业提供的碎片化的数字出版物裁减成适合于教学的、具有很强针对性的案例，重在通过数字出版案例，帮助学生掌握数据库的基础知识，既结合了专业知识，又便于学生了解数据库的应用，避免了数据库教程的抽象化。

3.知识结构合理

数字出版物先经过碎片化，再重组应用是数字出版学科的发展方向。教程面向数字出版未来的主流应用，介绍数据库的基本概念与案例实训操作，将图形界面操作和SQL实现章节完全分开，突出了职业教育的实用性，是一本真正满足学生实训操作需求的案例教程。

4.理论与实践结合

数据库的每一个概念都结合数字出版案例操作，逐步骤图文并举介绍，融理论与实践于一体。为了尽量避免案例的连续性被知识点打散，在附录中整理了完整的数字出版内容管理数据库表结构与模拟数据，供学生实训操作参考。

二、教程主要内容

教程以碎片化的数字出版物内容管理为案例，以SQL Server 2005为数据库管理工具，介绍了基于数字出版的数据库基础知识与应用。教程共分为七章，内容安排如下：

第一章：介绍数据库的基础知识，主要包括数据库系统的基本概念、数据模型的基本概念、关系模型的概念与规范化要求、数据完整性的概念与使用、关系型数据库的设计流程等，并运用这些基础理论，设计了一个"数字出版内容管理"数据库模型，为后面各章节的学习打下坚实的基础。

第二章：介绍SQL Server 2005数据库管理系统及其安装步骤和配置管理等。

第三章：介绍SQL Server 2005的系统数据库、数据库存储文件以及用户数据库的创建与维护操作方法。此外，应数据库管理的安全性需要，介绍了通过分离和附加的方法实现数据库的备份和还原功能。

第四章：介绍SQL Server 2005的数据类型、数据表的创建与维护操作方法和数据完整性的实施方法。

第五章：介绍数据库视图与索引的基本概念以及在SSMS图形界面中的操作方法。

第六章：介绍T-SQL的语法基础，并结合案例，使用T-SQL语句实现数据库操作、数据表操作、检索操作、视图操作和索引操作。

第七章：介绍备份和恢复的方法实现数据库的日常维护和管理，以及数据库数据与Excel文件间的导入和导出操作。

每章之后均配有实训和习题，并在附录中提供参考答案，帮助学生课外进一步强化巩固所学知识。

三、读者对象

本教程体现了编者多年数字出版研究与软件工程的工作经验，以及在数字出版教学改革与校企深度合作中形成的"案例教学，理论与实践相结合"的教学方法。教程以高职高专院校数字出版专业学生为读者对象，以碎片化的数字出版物管理为完整实例，讲解数据库的基础与应用。针对其他相关出版专业学生，本教程辅以出版物销售管理系统为例。通过本教程，出版专业学生可以快速全面地掌握基于SQL Server 2005的关系型数据库知识，为未来走上数字出版数据库相关岗位奠定坚实的基础。教程还可以作为基于SQL Server 2005的职业培训教材和各类高职高专院校的数据库教材，也适合作为SQL Server 2005的自学用书和参考用书。

本教程由上海出版印刷高等专科学校陈志文任主编，负责教程的全部统稿工作。具体分工为：第一章、第三章和第四章由陈志文编写，第二章、第五章和第六章由黄忠编写，第七章由穆俊鹏编写。附录一、附录二由陈志文整理，习题参考答案由陈志文、黄忠整理。

本教程的编写得到了学校、相关职能部门和出版与传播系各级领导的大力支持，获得了数字出版教育部重点专业建设项目和上海市"085工程"建设项目的资助。编写过程中，校企合作单位、张江国家数字出版基地旗舰企业之一——上海精灵天下数字技术有限公司提供了数字出版物及其碎片化的素材，并协助梳理裁减数据库的表结构，上海大学出版社郭纯生社长和彭俊主任、石伟丽编辑也给予了大力支持和帮助，数字出版专业学生高宝龙和程芳对本教程进行了校对工作，在此一并表示感谢。

由于作者水平有限，错误和遗漏之处在所难免，敬请各位同行和亲爱的读者朋友批评指正，并欢迎提出宝贵意见和建议。

编者邮箱：chenzhiwen_szcb@163.com

编者
2014年5月

目　　录

第一章　数据库技术基础

1.1　数据库系统概述 2

1.2　数据库系统的模型和结构 6

1.3　数据完整性说明 14

1.4　关系数据库应用实例与设计过程 17

1.5　实训 23

1.6　习题 24

第二章　安装SQL Server 2005与服务器配置管理

2.1　SQL Server 2005简介 27

2.2　安装SQL Server 2005 28

2.3　SQL Server 2005配置管理 39

2.4　实训 48

2.5　习题 48

第三章　管理数据库

3.1　系统数据库 49

3.2　数据库存储文件 52

3.3　创建用户数据库 54

3.4　维护数据库 60

3.5　数据库分离与附加 68

3.6　实训 74

3.7　习题 74

第四章 管理数据表

4.1 数据表的分类 77

4.2 数据表的创建和管理 77

4.3 实训 106

4.4 习题 106

第五章 视图与索引应用

5.1 视图的概述 109

5.2 视图的创建 109

5.3 索引 113

5.4 实训 119

5.5 习题 119

第六章 Transact-SQL及其应用

6.1 T-SQL概述 121

6.2 T-SQL语法基础 123

6.3 数据库操作 128

6.4 数据表操作 135

6.5 检索操作 156

6.6 视图操作 167

6.7 索引操作 172

6.8 实训 175

6.9 习题 177

第七章 数据库的日常维护和管理

7.1 数据库备份和恢复 179

7.2 导入、导出Excel工作表 188

7.3 实训 192

7.4 习题 193

附录

附录一 数字出版内容管理数据库表结构与模拟数据 194

附录二 出版物销售管理数据库表结构与模拟数据 198

附录三 习题答案参考 201

第一章　数据库技术基础

内容摘要

　　使用数据库系统来管理数据是计算机发展的主要应用之一，是在文件系统基础上发展起来的先进技术，具有高效的数据存储和应用等特点。在计算机技术、通信技术与数字出版技术发展的今天，数据库技术的地位越来越重要，得到了很多用户的认可。本章主要介绍了数据库系统的基本概念、数据模型的基本概念、关系模型的概念与规范化要求、数据完整性的概念与使用、关系型数据库的设计流程等，以帮助读者在学习完本章内容后能运用这些基础理论，设计创建一个"数字出版内容管理"数据库模型，为后面各章节的学习打下坚实的基础。

学习目标

- 了解数据处理技术经历的三个阶段
- 了解数据库系统的基本概念与构成
- 理解概念数据模型、逻辑数据模型与物理数据模型等基本概念
- 理解关系模型及其包含的重要术语
- 理解数据完整性的概念与使用
- 理解碎片化数字出版物管理的重要性
- 掌握1NF、2NF和3NF
- 掌握关系型数据库的设计过程

1.1 数据库系统概述

从科学计算进入数据处理是计算机应用的一个重大转折。数据处理是指对各种形式的数据进行收集、储存、加工和传播的一系列活动，其基本环节是数据管理。数据管理指的是对数据的分类、组织、编码、储存、检索和维护。数据管理方式多种多样，其中数据库技术是在应用需求的推动下，在计算机硬件、软件高速发展的基础上出现的高效数据管理技术。数据库系统在计算机应用中起着越来越重要的作用，从小型单项事务处理系统到大型信息系统，从联机事务处理（OLTP）到联机分析处理（OLAP），从传统的企业管理到计算机辅助设计与制造（CAD/CAM）、现代集成制造系统（CIMS）、办公信息系统（OIS）、地理信息系统（GIS）等，都离不开数据库管理系统。正是这些不断涌现的应用要求，又不断地推动了数据库技术的更新换代。

1.1.1 数据库技术的产生

从20世纪60年代后期开始，计算机技术从科学计算迅速扩展到数据处理领。随着数据处理的不断深入，数据处理的规模越来越大，数据量也越来越多，数据处理成为最大的计算机应用领域。数据处理技术不断完善，经历了人工管理、文件系统和数据库系统三个阶段。

1. 人工管理阶段

计算机在诞生初期，还是被人们当作一种计算工具，主要用于科学计算。通常是在编写的应用程序中给出自带的相关数据，将程序和相关数据同时输入计算机。不同用户针对不同问题编制各自的程序，整理各自程序所需要的数据。数据的管理完全由用户自己负责。此阶段应用程序和数据的关系如图1-1-1-1所示。该阶段具有以下特点：① 数据不能单独保存，而是与程序融为一体；② 数据无独立性；③ 数据冗余，不能共享。

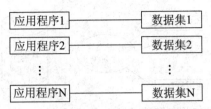

图1-1-1-1　人工管理阶段应用程序与数据的关系

2. 文件系统阶段

在文件系统中，数据被组织成相互独立的数据文件，利用"按文件名访问，按记录存取"的管理技术，程序和数据分别存储为程序文件和数据文件。数据文件是独立的，可以长期保存在外存储器上多次存取。数据的存取以记录为基本单位，并出现了多种文件组织形式，如顺序文件、索引文件、随机文件等。应用程序和数据的关系如图1-1-1-2所示。该阶段较人工管理阶段有很大改进，但仍具有以下特点：① 数据与程序缺乏独立性；② 数据的冗余和不一致性。

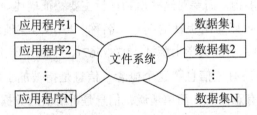

图1-1-1-2　文件系统阶段应用程序与数据的关系

3. 数据库系统阶段

为了从根本上解决数据与程序的相关性，把数据作为一种共享资源进行集中管理，为各种应用系统提供共享服务，数据库技术应运而生，使信息管理系统的重心从以加工数据的程序为中心转向以数据共享、统一管理为核心。与文件系统阶段相比，该阶段数据管理更高级、更有效，具有以下特点：① 数据结构化；② 数据能够共享；③ 数据冗余度小，易扩充；④ 数据与程序的独立性较高；⑤ 对数据实行集中统一控制。此阶段应用程序和数据的关系如图1-1-1-3所示。

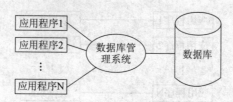

图1-1-1-3　数据库系统阶段应用程序与数据的关系

1.1.2　数据库系统的基本概念

1. 数据

数据（Data）是指存储在某种介质上能够识别的物理符号，包括数据内容和数据形式两个概念范畴。数据的概念在计算机领域已经大大扩大了，数据不仅包括数字、字母、文字等文本形式，还包括图形、图像、影像、音频和视频等。

日常生活中，人们使用语言（如汉语）去描述事物。在计算机世界里，为了存储和处理某些事物，需要对这些事物进行主要特征描述。例如，在出版物销售管理数据库中，可以对出版社的编号、名称、ISBN号、地址等情况作这样的描述：20140123001，上海大学出版社，97875671，上海市宝山区上大路99号。

与数据相关的还有"信息"这个概念。信息是指被加工后的数据，这样数据对接受者来说是有意义的，简单地说，信息是有价值的数据。比如张三在出版物销售管理数据库中查找上海大学出版社的信息，那么其他出版社的数据就不是信息。

2. 数据库

数据库（Database，简记为DB），顾名思义，是存放数据的仓库，是长期存储在计算机内、有组织的、统一管理的相关数据的集合。DB能为各种用户共享，具有冗余度较小、数据间联系紧密而又有较高的数据独立性等特点。在这里要特别注意，数据库不是简单地将一些数据堆积在一起，而是把相互间有一定关系的数据，按一定的结构组织起来的数据集合。例如，可以建立一个出版物管理数据库，该数据库存放与出版物相关的信息，如图书ISBN号、出版社等，方便用户使用和分享。

3. 数据库管理系统

数据库管理系统（Database Management System，简记为DBMS），是位于用户与操作系统（OS）之间的一个系统软件，由一组计算机程序组成。它能够对数据库进行有效的组织、管理和控制，包括数据的存储、数据的安全性与完整性控制等。它为用户或其他应用程序提供访问数据库的方法，包括数据库的建立、查询、更新及各种数据控制。SQL Server、MySQL和Oracle都是常见的数据库管理系统。

1.1.3　数据库系统的构成

数据库系统（DataBase System，DBS）是实现有组织的、动态相关的数据存储，方便多用户访问计算机数据资源的系统。一个完整的数据库系统一般由硬件平台、操作系统、数据库管理系统、数据库、开发工具、应用系统、数据库管理员和用户组成。带有数据库的计算机系统硬件和软件层次如图1-1-3-1所示。

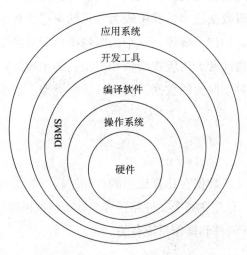

图1-1-3-1　数据库系统软硬件层次关系

1.2　数据库系统的模型和结构

数据库用数据模型来抽象、表示和处理现实世界中的数据和信息。根据数据抽象层次，针对不同的数据对象和应用目的，可以分为以下三类。

1. 概念数据模型

概念数据模型是独立于计算机系统的数据模型，用来描述所使用的信息结构。当我们为某图书出版公司建立一个出版物销售管理的系统时，需要把跟出版物相关的所有数据都罗列出来，越多越好，如出版物名称、出版物编号、出版物出版者，出版物作者、出版物采购者、出版物销售者、出版物采购价格、出版物售价、出版物库存数、出版物影响力、出版物读者、出版物编辑和出版物的出版时间等。

2. 逻辑数据模型

逻辑数据模型是现实事物的第二层抽象，反映数据的逻辑结构。将概念模型阶段罗列的数据信息，根据实际需要，遴选出与主题有直接价值的数据，以若干个相互有联系的逻辑结构图或表的形式展现。根据具体数据存储需求的不同，可以有多种逻辑数据模型，其中较为常见的有层次数据模型、网状数据模型和关系数据模型。例如，要建立一个出版物销售管理的系统，从上一段落的举例中，剔除出版物读者、出版物编辑和出版物的出版时间等与出版物销售关联性不大的数据，对于保留的数据，列出其数据类型、数据长度，每一个数据有什么强制规定等。

3. 物理数据模型

物理数据模型反映数据在计算机中的存储结构，如实现逻辑数据模型时，数据库的文件名称、存储在哪个文件路径等。物理数据模型与具体的数据管理系统有关，也与计算机硬件和操作系统有关。

1.2.1　基本概念

将现实事物转化为一些概念的过程需要概念模型，以下为概念模型中的一些重要定义。

1. 实体与属性

客观存在并能够相互区别的事物称为实体，如学生、图书、出版社等。实体表示的是一类事物，比如图书，其中具体事物表示的是该实体的一个实例，比如《数字出版数据库基础与实训指导》。实体往往具有一定的特性，这些特性称为实体的属性，如图书实体的属性有：图书编号、图书名、图书单价等。

2. 联系

现实中的事物是有联系的，反映到计算机世界中，实体也需要有联系。实体之间的联系可以分为一对一（1：1）、一对多（1：N）、多对多（M：N）三种。如图1-2-1-1所示。

图1-2-1-1　实体间的联系

3. E—R图

E—R图为实体—联系图，提供了表示实体、属性和联系的方法，用来描述现实世界的概念模型，其基本元素是实体、属性和联系等。构成E—R图的基本要素是实体型、属性和联系，其表示方法如图1-2-1-2所示。

实体型：用矩形表示，矩形框内写明实体名；

属性：用椭圆形表示，并用无向边将其与相应的实体连接起来；

联系：用菱形表示，菱形框内写明联系名，并用无向边分别与有关实体连接起来，同时在无向边旁标上联系的类型（1：1，1：N或M：N）。

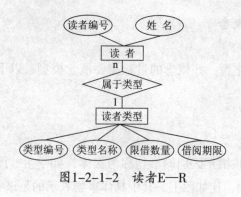

图1-2-1-2　读者E—R

1.2.2　主要逻辑数据模型

数据库需要按照系统软件的需求来设计和组织数据。数据模型就是把现实中的事物转化为计算机能够理解事物的一个重要工具，现实中的事物需要经过两层抽象才能转化为计算事物，先是现实事物转化为一些概念，这个过程需要概念模型，再将相关概念转化为计算机能够处理的数据，该过程需要逻辑数据模型。在数据库开发中主要有3种逻辑数据模型，分别是层次模型、网状模型和关系模型，其中关系模型自20世纪80年代逐渐占主导地位。

1. 层次模型

层次模型是数据库系统中最早使用的模型，它的数据结构类似于一颗倒置的树，每个节点表示一个实体，实体之间的联系是一对多的联系。层次模型是数据库系统中发展最早最成熟的一种模型。其特点是：有且仅有一个根节点，除了根节点之外每个节点有且仅有一个父节点，可以有多个子节点。如图书主题相关的层次模型可以如图1-2-2-1所示。

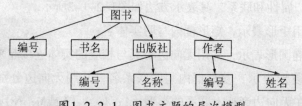

图1-2-2-1　图书主题的层次模型

层次模型的特点：数据结构简单，对具有一对多的层次关系的描述非常自然、直观、容易理解，查询效率较高。但是，如果要实现多对多联系，则非常复杂，效率非常低，使用也不方便，应用程序的编写比较复杂。

2. 网状模型

网状模型的数据结构是网状的，其特点是：允许存在一个以上的节点没有父节点，也可以有多个父节点。与层次数据模型不同的是，网状数据模型支持到相同实体的多条路径，这样要避免与层次系统相关的数据冗余问题。与学生主题相关的网状模型可以如图1-2-2-2所示。

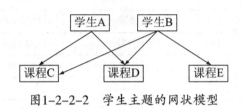

图1-2-2-2　学生主题的网状模型

网状模型的特点：具有良好的性能、存取效率较高。能够更为直接地描述现实世界，如一个节点可以有多个双亲。但是，随着应用环境的扩大，数据库的结构会变得越来越复杂，编写应用程序也会更加复杂，程序员必须熟悉数据库的逻辑结构。

3. 关系模型

关系模型是三种数据模型中最重要的模型，也是当前使用最广泛的数据模型。SQL Server、MySQL和Oracle等数据库管理系统都是基于关系模型的。关系模型是用二维表格的逻辑结构来表示实体和实体间的联系。关系型数据库就是基于关系模型设计出来的若干张二维数据表的集合。关系模型的几个重要术语说明如下：

（1）关系：一张由行和列构成的具有逻辑结构的二维表，且每个关系都有一个名字。如在出版物销售管理数据库中，可以有"出版物"关系、"出版社"关系和"出版物采购"关系，分别如下列表所示。

表1-2-2-1 "出版物"关系

出版物ISBN号	出版物名称	著作者	规格	单位
9787302175872	SQL基础教程与实验指导	郝安林	16开	本
9787309050325	社会共生论	胡守钧	32开	本
9787507740813	王选传	丛中笑	32开	套
9787302242260	虚拟现实技术及应用	张菁	16开	本
…	……	…	……	…

表1-2-2-2 "出版社"关系

出版社编号	出版社名称	出版社地址	银行账户	联系人
100001	清华大学出版社	清华大学学研大厦A座	03372008017001741	温清华
100002	复旦大学出版社	上海市国权路579号	03372008017001742	牛复旦
100003	上海大学出版社	上海市上大路99号	03372008017001743	划时代
…	……	…	……	…

表1-2-2-3 "出版物采购"关系

序号	采购日期	出版物ISBN号	出版社编号	采购员
1	2014-3-1	9787302175872	100001	张三
2	2014-3-1	9787309050325	100002	李四
3	2014-4-1	9787309050325	100002	李四
4	2014-5-8	9787507740813	100003	李四
5	2014-5-8	9787302242260	100001	张三
…	……	…	……	…

（2）记录：二维表中的一行，也称为元组。"9787302175872，SQL基础教程与实验指导，郝安林，16开，本"就是"出版物"关系中的一条记录。

（3）字段：二维表中的一列，也称为属性。字段用于描述实体的特征，分为字段名和字段值，且同一个二维表中的字段名称不能重复。如出版物ISBN号、出版物名称、著作者、规格和单位都是"出版物"关系的字段名称，"9787302175872、SQL基础教程与实验指导、郝安林、16开"和"本"分别为相应字段名称的字段值。

（4）域：字段的取值范围。如"出版物"关系中出版物ISBN号的域是13位数字组成的字符集合，不能出现数字之外的其他字符。

（5）主键：二维表中一个或多个字段的集合，能够唯一标识每一条记录。主键的字段值必须是唯一的，不允许重复，也不允许为空。一个二维表只能定义一个主键。如在"出版社"关系中，出版社编号可以被定义为主键。

（6）唯一键：二维表中一个或多个字段的集合，是主键之外的能够唯一标识每一条记录的。唯一键的字段值必须是唯一的，不允许重复，可以允许一个字段值为空。一个二维表可以定义一个以上的唯一键。如在"出版社"关系中，出版社编号和银行账户两个字段都可以唯一标识每一条记录，如果出版社编号被定义为主键，那么银行账户只能被定义为唯一键。

（7）外键：二维表中一个或多个字段的集合，使一个数据库中的多个二维表之间建立关联，如果一个二维表（A表、子表）中某个字段的数据值只能取另一个表（B表、父表）中某个字段值之一，那么A表中的这个字段需要定义为外键，此时B表中的这个字段必须定义为主键或唯一键。如"出版物采购"关系中的出版物ISBN号的数据值必须来自"出版物"关系中的出版物ISBN号的数据值，此时"出版物"关系中的出版物ISBN号须被定义为主键或唯一键，而"出版物采购"关系中的出版物ISBN号须被定义为外键。

关系模型的特点：具有严格的理论基础，数据结构单一，关系模型存取简单。但是，由于存取路径对用户透明化，查询效率通常不如非关系数据模型。为提高性能，必须对用户的查询请求进行优化，增加了开发数据库系统的难度。

1.2.3 关系模型的规范化

关系模型规范化又称数据库或资料库正规化或标准化，是数据库设计中的一系列原理和技术，以减少数据库中的数据冗余，增进数据的一致性。关系模型的规范化是为了消除存储的异常，减少数据的冗余，保证数据的正确性、一致性和存储效率。表1-2-3-1存在着如下问题。

表1-2-3-1　"出版社信息"关系

编号	出版物名称	出版社编号	出版社名称	出版社地址
YBZT000	SQL Server	CBS001	上海大学出版社	上海
YBZT001	C#	CBS001	清华大学	北京
YBZT002	PhotoShop	CBS003	人民邮电出版社	北京

（1）数据冗余。出版社、出版社地址出现过多次，造成数据冗余。

（2）数据不一致。数据的重复出现容易导致数据不一致的情况。如出版社名称输入不规范，有时输入全称，有时输入简称。在修改时可能出现遗漏的情况，造成数据不一致。

（3）维护困难。如果重复数据在多个表中存在，在修改时就会造成维护困难的情况。

基于上述一系列原因，关系型数据库是一定要满足规范化要求的，对于不同的规范化程度可以使用"范式"来衡量。范式，也称为"NF"，是对关系数据库进行等级分类的一种标准，可分为第一范式（1NF）、第二范式（2NF）和第三范式（3NF）。现在的关系数据库大多是在满足第三范式的基础上设计出来的。

1. 第一范式

1NF要求二维表中的每个字段都是不可再分的数据项，且每个字段名称不能重复。设R是一个关系，对于R的任意属性a都是不可再分的数据项，则称R满足第一范式，记作$R \in 1NF$。1NF是关系型数据库的最低要求，但是只满足第一范式仍然会有数据冗余、维护困难的缺点。如表1-2-3-2的"采购情况"字段被进一步分成数量和采购员是不满足1NF的。

表1-2-3-2　第一范式的误用情况1

序号	采购日期	出版物ISBN号	采购情况	
			数量	采购员

另外，表1-2-3-3存在两个"单位"字段也是不满足1NF的。

表1-2-3-3　第一范式的误用情况2

出版物ISBN号	出版物名称	著作者	单位	单位

2. 函数依赖和函数传递依赖

要了解第二范式和第三范式，必须先了解函数依赖和函数传递依赖。

（1）函数依赖：非主键字段完全由主键来决定。如果是联合主键，非主键字段由其中的部分主键决定，则成为部分函数依赖。如在"出版物"关系中，出版物ISBN号是主键，则出版物名称、著作者、规格和单位完全依赖于出版物ISBN号，记作：出版物ISBN号→出版物名称、出版物ISBN号→著作者、出版物ISBN号→规格、出版物ISBN号→单位。

（2）函数传递依赖：如果出版物ISBN号→出版物名称、出版物名称→出版社，出版社是通过出版物名称传递来的出版物ISBN号，则出版物ISBN号和出版社之间存在着函数传递依赖的关系。

3. 第二范式

2NF以1NF为基础，要求关系中非主键字段完全函数依赖于主键。即必须存在一个主键，使关系中的任何两条记录不可能完全相同。

4. 第三范式

3NF建立在满足2NF的基础上，关系中的任何非主键字段都不函数传递依赖于任何主键。实现3NF的方法：首先找到关系中的所有主键，然后确定任何一个非主键字段和主键之间是否存在函数传递依赖关系，如存在，则删除函数传递依赖的字段，再单独创建一个关系表。

注意： 三个范式不是独立的，3NF包含2NF，2NF包含1NF。

1.3 数据完整性说明

1.3.1 什么是数据完整性

数据完整性包含两方面的含义：数据的正确性和数据的相容性，它们共同保证数据在语义上的合理性和有效性。例如，员工信息表中的性别只能是"男"或"女"，而不能是其他数据，这就是数据的正确性；员工姓名对应的员工必须是已经存在的，而不是虚构的姓名，这就是数据的相容性。

1.3.2 数据完整性的分类

数据完整性可分为四种类型：实体完整性、参照完整性、域完整性和用户定义完整性。

1. 实体完整性

实体完整性又称行完整性，是指任何一个实体都存在区别于其他实体的特征。在一个关系中，实体的特征是由行中的字段值来刻画的，如果某一行的所有字段值和另一行的字段值完全相同，那么这两行对应的实体是不能区别的，从而关系中的数据不满足实体完整性。也就是说，在一个关系中，如果存在相同的两行，那么这个关系中的数据是不满足实体完整性的。保证实体完整性，或者说保证关系中不存在相同的两行主要是通过主键和唯一键等机制来实现的。

例如，表1-3-2-1的"员工"关系中，将员工工号字段定义为主键，可以保证实体的完整性。

表1-3-2-1　"员工"关系

员工工号	姓名	性别	出生日期	部门
11001	王五	0（女）	1993-10-1	办公室
11002	赵六	0（女）	1993-10-1	办公室
12001	李四	1（男）	1994-10-1	销售科
12002	张三	1（男）	1994-10-1	销售科

2. 参照完整性

参照完整性又称引用完整性，是指子关系表（参照表）中某个字段的数据必须来源于父关系表（被参照表）中相应字段的数据，从而保持一致性，即要求子关系表中该字段的输入值必须是在父关系表中相应字段已经存在的字段值。参照完整性的实现是将父关系表中某字段定义为主键或唯一键，子关系表中的相应字段定义为外键。

例如，表1-3-2-2的"出版物销售"关系中，销售员姓名必须与"员工"关系中的姓名保持一致，假设"员工"关系中的姓名没有重名现象，为保持参照完整性，"员工"关系中的姓名必须被定义为主键或唯一键，"出版物销售"关系中的销售员必须被定义为外键。

表1-3-2-2　"出版物销售"关系

序号	销售日期	出版物ISBN号	数量	销售员
1	2014-3-10	9787302175872	1000	张三
2	2014-3-10	9787309050325	1000	李四
3	2014-4-18	9787309050325	1000	李四
4	2014-5-20	9787507740813	500	李四
5	2014-6-8	9787302242260	1000	张三

注意：删除父表中的记录时，必须先将子表中与其有外键关系的记录予以删除。

3. 域完整性

域完整性是字段值在语义上的合理性和有效性，即表中的字段有正确的数据类型、格式和有效的取值范围。例如，出版物ISBN号只能为13位数字字符，销售员字段值不能为空（NULL）等。

4. 用户定义完整性

实体完整性和参照完整性是关系模型中最基本的要求。除此之外，在面向具体应用时，用户还可以根据实际需要定义一些特殊的约束条件。这种针对具体应用的、由用户定义的特殊约束条件就是用户定义完整性。用户定义完整性通常由用户定义，如将成绩字段的取值范围定义在0到100之间等。

1.3.3 数据完整性的使用方法

数据完整性的使用是通过约束来实现的。从作用范围来看，约束主要是分为列级约束和表级约束。列级约束是仅对指定的字段起作用的约束，如检查（Check）约束。表级约束是对多个字段起作用的约束，如由多个字段构成的主键约束。

从约束的性质来看，常用的约束包括以下几种类型：

（1）主键（Primary Key）约束：可以为列级约束，也可以为表级约束。受此约束作用的一个和多个字段的输入值必须唯一，而且输入值不能为空（NULL）。

（2）唯一（Unique Key）约束：可以是表级约束，也可以是列级约束，受此约束作用的一个或多个字段的输入值必须唯一，可以允许一个输入值为空（NULL）。

（3）外键（Foreign Key）约束：可以为列级约束，也可以为表级约束，但它涉及父表和子表之间的关系。该约束要求子表中受此约束作用的字段的输入值必须是在父表中已经存在的字段值，同时删除父表中的记录时，子表中与其有外键关系的记录应先予以删除。

（4）非空（Not NULL）约束：为列级约束，受到此约束作用的字段的输入值不能为空（NULL）。

（5）检查（Check）约束：为列级约束，约束条件由用户根据需要进行定义。受此约束作用影响的字段的输入值必须满足约束条件。

通过主键约束或唯一约束实现实体完整性；通过外键约束实现参照完整性；通过检查约束和非空约束实现域完整性；通过检查约束实现用户定义完整性。

1.4 关系数据库应用实例与设计过程

1.4.1 数字出版内容管理实例

在传统出版向数字出版转型的过程中，传统出版单位必须盘活已经积累的大量的宝贵内容资源，将它们数字化，形成数字出版内容，并使用数据库进行管理。在需要的时候，直接从数据库重组成目标格式的数字出版内容，实现一次入库、多元发布。本教程中设定数字化后的内容为pdf格式数字出版物，经过标引结构化为xml文件，然后将xml文件导入数据库，实现数字出版内容的数据库化管理。例如，图1-4-1-1为原始的pdf格式数字出版物，按照两个一级标题，经过标引后的xml文件如图1-4-1-2和图1-4-1-3所示。

图1-4-1-1　原始的pdf格式数字出版物

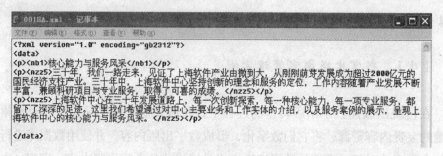

图1-4-1-2 "核心能力与服务风采"标引后的xml内容

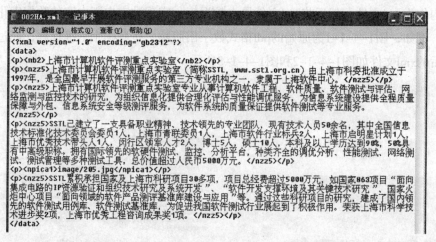

图1-4-1-3 数字出版内容管理设计过程

数字出版数据库设计所要解决的问题是建立以数字出版内容为核心的数据表及其应用系统，具体说，就是指对一个给定的数字出版物需求和应用环境，构造最优化的数据库模式，建立数字出版内容管理数据库及其应用系统，满足用户的各种应用需求。大型数据库的设计和开发是一项庞大的工程，是多学科的综合性技术。本节将以上一节数字出版内容进行结构化标引后的xml文件为例，完整说明数字出版内容管理的设计过程。

数字出版数据库设计步骤大致可以分为需求分析、概念结构设计、逻辑结构设计、物理结构设计、数据库实施、数据库运行和维护6个阶段。设计一个完善的数字出版数据库应用系统往往是上述6个阶段不断反复、逐步优化完善的过程。如图1-4-2-1所示。

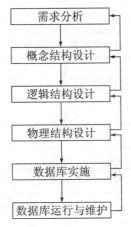

图1-4-2-1　数据库的设计步骤

1. 需求分析

现实生活中，执行规范的任务都需要进行需求分析。只有在任务计划书的基础上，进一步明确任务涉及的宏观问题，如业务流程、功能、接口及设计约束等，形成需求分析说明文档，为任务的下一阶段工作打下坚实基础。需求分析工作要尽可能到位，以确保任务的方向没有大的变化，避免到了后期再推倒重来的尴尬局面。数字出版数据库的需求分析任务由计算机人员（系统分析员）和用户双方共同通过详细的调查研究，充分了解用户的组织机构、业务规则、数据需求、完整性约束条件、事务处理和安全性要求等，为下一步的概念结构设计奠定基础。这个阶段的许多方法与系统分析设计、软件工程的方法类似，画出组织机构图、业务流程图，详细描述用户应用环境的业务流程、数据需求。以未来很可能成为主流的数字出版内容碎片化数据库管理工作为例，其业务流程如图1-4-2-2所示，具体为：① 数字出版内容来源为pdf格式的数字出版内容，为了重在说明问题，将任务简单化，数字出版内容只包含文本和图像。② 将pdf格式数字出版内容进行xml标引。③ 将标引好的内容进行数据库管理，采用的数据库管理系统为SQL Server 2005。④ 根据目标格式需要，从数据库中抓取内容，重组成新格式的数字出版内容或新内容的数字出版物。其用户环境为Windows操作系统。其数据需求为：包含文本和图像的数字出版内容，其中文本内容包含标题和正文属性。

图1-4-2-2 碎片化数字出版内容管理业务流程

2. 概念结构设计

概念结构设计是对需求分析的进一步细化，描述需求所使用的信息结构，但不涉及信息在计算机系统中的表示，主要按照用户的观点对数据和信息进行建模，把跟需求相关的所有数据和信息尽可能罗列出来。本教程的数字出版内容概念结构设计主要包含以下内容。

首先，针对数字出版内容管理与重组的应用需要，确定实体（如数字出版内容资源、文章、版式等）、实体属性和实体间的联系，做出局部描述模型。

其次，综合各个局部描述模型，在消除冗余联系并保证数据完整性的前提下，产生能准确地反映实体、属性及实体间的相互联系的数据库整体概念，不存在相互表达矛盾的描述。

具体来说，针对数字出版内容资源实体的属性，可以包含资源编号、资源类型、资源名称、资源内容、资源创作者、资源标题、资源创作时间、资源关键字、资源顺序和资源描述等；针对文章实体的属性，可以包含文章编号、文章标题、文章作者、文章发布日期、文章类别等；针对版式实体的属性，可以包含文章编号、资源编号、样式类型和样式标识等。为了保持pdf数字出版内容不变，而只生成目标格式变化，需要构建一个文章对象实体，其属性可以包含文章ID、资源ID和资源顺序等。

一个数字出版数据库系统的概念结构设计不是唯一的，强调不同侧面和不同联系，做出的概念设计可能会有比较大的差别。

3. 逻辑结构设计

逻辑结构设计的任务就是把概念结构设计转换成DBMS所支持的数据模型（如关系模型、各种二维表格及数据项），并满足规范化数据库的逻辑结构设计原则：① 保证数据库中的所有数据表都能满足2NF，力求绝大多数数据表满足3NF；② 保证数据的完整性；③ 尽可能减少数据冗余。

逻辑结构设计是本教程的核心内容。如在数字出版内容管理系统中，根据规范化设计原则，梳理概念设计的实体及属性，必要时还需构造新的实体。对于一个旨在说明流程的最简单化的数字出版内容管理系统，数字出版内容资源实体的属性只需保留资源编号、资源类型、资源名称和资源内容；文章实体的属性只需保留文章编号、文章标题、文章作者和文章发布日期；版式实体的属性保留文章编号、资源编号、样式类型和样式标识，但是由于一个文章编号可以包含多个资源，标题样式没有资源编号，同一篇文章可以有多个相同的样式类型和样式标识，故如果只有上面四个属性的话，版式实体不满足2NF，因此在逻辑结构设计时，需要增加属性"版式编号"。同样，对于文章对象实体，其属性将包含序号、文章ID、资源ID和资源顺序。在逻辑结构设计阶段，不仅要明确列出实体及其属性，还要明确列出其数据类型、数据长度，每一个数据有什么强制规定等。为了直观起见，表1-4-2-1、1-4-2-2、1-4-2-3、1-4-2-4分别为资源实体、文章实体、文章对象实体和版式实体的逻辑结构，各属性的具体数据类型表将用后续章节对应的数据类型替代。

表1-4-2-1 "资源"实体的逻辑结构

字段名	资源ID	资源类型	资源名称	资源内容	资源位置
数据类型	数值型	文本型	文本型	文本型	文本型
是否允许为空	否	否	是	是	是
约 束	主键				

表1-4-2-2　"文章"实体的逻辑结构

字段名	文章ID	标题	作者	发布日期
数据类型	数值型	文本型	文本型	日期型
是否允许为空	否	否	是	是
约　束	主键			

表1-4-2-3　"文章对象"实体的逻辑结构

字段名	序号	文章ID	资源ID	资源顺序
数据类型	数值型	数值型	数值型	数值型
是否允许为空	否	否	否	否
约　束	主键	外键	外键	

说明：

1）"文章对象"实体的"文章ID"外键依赖于"文章"实体的"文章ID"

2）"文章对象"实体的"资源ID"外键依赖于"资源"实体的"资源ID"

表1-4-2-4　"版式"实体的逻辑结构

字段名	版式ID	文章ID	资源ID	样式类型	样式标识
数据类型	数值型	数值型	数值型	文本型	文本型
是否允许为空	否	否	是	否	否
约　束	主键	外键	外键		

说明：

1）"版式"实体的"文章ID"外键依赖于"文章"实体的"文章ID"

2）"版式"实体的"资源ID"外键依赖于"资源"实体的"资源ID"

4. 物理结构设计

在物理结构设计时，主要考虑以下几个方面：① 数据的存储结构；② 数据存储位置；③ 索引结构设计；④ 系统配置的优化。具体内容将在后续章节的相关概念部分讲解。

5. 数据库实施

确定了数据库的逻辑结构和物理结构，就可以利用DBMS提供的图形界面操作工具或数据定义语言定义数据库结构、建立数据库的结构、向数据库中装载数据（也称为数据加载）。数据库实施是本教程的重点，将在后续章节详细讲解。

6. 数据库的运行与维护

数据库设计与应用开发工作完成之后，系统进入运行与维护阶段，主要任务如下：

（1）维护数据库的安全性和数据完整性；

（2）数据库的转储和恢复；

（3）监测并改善数据库性能；

（4）数据库的重新组织。

1.5　实训

（1）理解数据库系统、三个抽象数据模型、关系模型及其术语、三个范式和数据完整性等数据库的基本概念。

（2）根据本章数字出版内容管理实例的介绍，理解碎片化数字出版内容的管理与应用流程，并根据数字出版内容管理的设计过程，特别是逻辑结构设计表，理解数据库的关系模型、数据表的基本概念与数据库设计过程。学会合理设计数据表、确定数据表的关联、保证数据的完整性，掌握关系数据库的规范化设计。

（3）一个出版物销售公司有若干个部门，每个部门有若干员工，每个员工只能属于一个部门，有自己的工号，其中销售部门既负责出版物的采购，又负责出版物的销售。公司从出版社采购出版物，然后销售给有需要的客户。每个出版物包含出版物的名称、出版物的ISBN号、出版物的规格、著作者、单位（本或套）、出版物的出版单位（即出版社）等信息，每个出版社包含出版社编号、出版社名称、出版社地址、出版社的银行账户和出版社业务联系人等信息。按照本章关系型数据库的要求，合理设计并独立绘制出《出版物销售管理》数据库的各个数据表的逻辑数据结构。

1.6 习题

1. 填空题

（1）_____是位于用户与操作系统之间的一层数据管理软件。数据库在建立、使用和维护时由其统一管理与控制，如SQL Server、Oracle软件等。

（2）实体—联系图（E—R图）中，实体用_____形来表示，属性用_____形来表示，实体间的联系用_____形来表示。

（3）目前最常用的逻辑数据模型有_____、_____和_____。20世纪80年代以来，_____逐渐占主导地位。

（4）范式是对关系数据库进行等级分类的一种标准，可分为_____、_____和_____。

（5）数据完整性包括_____、_____、_____和用户定义完整型。

（6）数据库的实体完整性要求表中所有_____唯一，可通过创建主键约束、_____等约束来实现。在一个数据表上能创建 个主键约束，主键值_____为空。

（7）外键约束被用于建立两个表之间的关联，外键列的值必须是引用列的值之一，引用列必须是创建了_____或_____的列。

2. 判断题 （正确的写"T"、错误的写"F"）

（1）关系型数据库中的数据表须设置主键约束，每个数据表可设置1个以上的主键约束。（   ）

（2）在含有出版物ISBN号和出版物名称的出版物信息数据表中，出版物名称较出版物ISBN号更适合被设置为主键。（   ）

（3）在设置了外键依赖关系的两个数据表中，数据输入没有先后顺序，可以先输入外键（子表）的数据，然后再输入主键表（父表）的数据。（   ）

（4）在设置了外键依赖关系的两个数据表中，删除父表中的记录时，子表中与其有外键关系的记录应该先予以删除。（   ）

3. 简答题

（1）数据处理技术经历了哪几个阶段？各有什么特点？

（2）一个完整的数据库系统一般由哪几部分组成？

（3）常用的逻辑数据模型有哪些？各有什么特点？

（4）数据完整性包括哪几类？

（5）解释下列术语的含义：关系、字段、记录、主键和外键。

（6）简述数据库中主键约束、唯一约束和外键约束的作用，并分别举例说明。

（7）数据库的设计步骤包含哪几个阶段？

第二章 安装SQL Server 2005 与服务器配置管理

内容摘要

　　SQL Server 2005是Microsoft公司2005年推出的大型关系型数据库管理系统，以其功能强大、操作简便、安全可靠等特性，得到了众多企业用户的认可和越来越广泛的应用。本章首先对SQL Server 2005数据库管理系统进行简单介绍，包括SQL Server 2005的历史发展以及新特点，也对客户机/服务器体系结构进行了讲解，其后详细地介绍了SQL Server 2005数据库管理系统的安装过程。SQL Server 2005的安装过程图形化操作，简单方便，但对初学者来说在安装过程中需要注意一些参数和选项的设置。最后，介绍了SQL Server 2005的重要服务和作用以及常用管理工具。掌握SQL Server 2005的安装过程，正确配置SQL Server 2005服务，熟练使用SQL Server Management Studio（简称SSMS）管理工具，将对深入SQL Server 2005学习起到重要作用。

学习目标

- 了解SQL Server 2005数据库管理系统历史发展过程和相关特性
- 了解SQL Server 2005数据库管理系统安装所需的软硬件要求
- 了解客户机/服务器体系结构
- 掌握SQL Server 2005数据库管理系统的安装方法
- 掌握SQL Server 2005数据库管理系统的配置方法，包括配置服务和常用的管理工具SSMS

2.1 SQL Server 2005简介

SQL Server 2005是美国Microsoft公司开发和推广的关系型数据库管理系统（DBMS）。最初，由Microsoft、Sybase、Ashtom-Tate三家公司共同开发，于1988年推出第一个OS/2。1995年微软公司独立推出第一个SQL Server 6.0版本，1996年推出了SQL Server 6.5版本，1998年推出了SQL Server 7.0版本，为企业级用户使用，2005年推出了SQL Server 2005版本，该版本功能有了很大的改善。在当今的互联世界中，数据和管理数据的应用系统必须始终为用户可用且能够确保安全。SQL Server 2005拥有减少应用程序宕机时间、提高可伸缩性及性能、拥有更高级的安全模式等优点。同时，SQL Server 2005包括了几个在企业级数据管理中关键的增强特性：易管理性、可用性、可伸缩性和安全性。

2.1.1 SQL Server 2005的特点

SQL Server 2005 在性能、可靠性、实用性等方面有了很大的扩展和提高，主要有以下特点：

（1）全新设计的数据转换服务（DTS）体系结构和工具，拥有更大的灵活性，可满足复杂的数据移动需求。

（2）引入了由管理工具和管理应用编程接口（API）组成的集成化套件，用以降低操作的复杂度。

（3）改进了包括表分区、增强复制功能和64位支持特性。

（4）允许使用任何Microsoft .NET语言开发数据库对象的能力。

（5）增添新的XML数据类型。

（6）新增查询类型和其在事务中进行错误处理的能力。除了拥有以上新特点以外，SQL Server 2005相比其他早期产品，在事务处理、服务代理、数据加密等方面都进行了加强。

2.1.2 客户机/服务器体系结构

客户机/服务器体系结构又称Client/Server结构（简称C/S模式），该结构的出现把数据从封闭的文件服务器中解放出来，使用户能得到更多的数据信息服务。C/S模式拥有更人性化的界面和更快速的计算能力。C/S模式是一种将事务处理分开进行的网络系统，服务器通常采用高性能的PC、工作站或小型机，并安装SQL Server 2005服务器端，客户端采用PC机，安装专用的SQL Server 2005客户端软件。在C/S模式中，通常将数据库的增加、删除、修改及查看等处理放在服务器上进行，而将数据的显示界面放在客户端。其优点是减轻主机系统的压力，充分利用客户端PC机的处理能力，加强了应用程序的功能。

2.2　安装SQL Server 2005

在使用SQL Server 2005之前，要做好安装准备工作。本节将介绍如何安装SQL Server 2005。现在众多用户在使用SQL Server 2005数据库管理系统时，对SQL Server 2005的功能需求不尽相同，因此，Microsoft公司为满足不同层次用户的需求，开发了SQL Server 2005的众多版本。

SQL Server 2005共有6个不同的版本，分别为企业版、标准版、开发版、工作组版、移动版和学习版。其中企业版、标准版和工作组版使用广泛，这些版本都广泛应用于软件开发生产过程中。

2.2.1　安装前准备工作

1. 软件要求

SQL Server 2005安装程序需要Microsoft Windows Installer 3.1或更高版本以及Microsoft数据访问组件（MDAC）2.8 SP1或更高版本，可以到微软官网上下载MDAC 2.8 SP1。安装SQL Server 2005还需要以下软件组件：

（1）Microsoft Windows .NET Framework 2.0；

（2）Microsoft SQL Server 本机客户端；

（3）Microsoft SQL Server 安装程序支持文件；

（4）Windows IIS组件。

2. 硬件要求

安装SQL Server 2005的计算机硬件要求如表2-2-1-1所示。

表2-2-1-1　SQL Server 2005计算机硬件要求

RAM	最小：512 MB；建议：1 GB 或更高
硬盘空间	最小600 MB 可用空间
处理器	兼容 Pentium III或更高版本。最低：600MHz；推荐使用1 GHz或更高

2.2.2　SQL Server 2005的安装过程

SQL Server 2005的安装和其他软件过程一样，图形化操作，在安装过程中主要注意在安装时实例设置，整个安装过程建议关闭杀毒软件。要安装SQL Server 2005，需要准备安装程序（光盘），根据实际需求选对版本。在本教材中，我们使用Microsoft SQL Server 2005 Express Edition的版本进行安装。SQL Server 2005主要安装步骤如下：

（1）运行SQL Server 2005文件将会出现安装界面，如图2-2-2-1所示。

图2-2-2-1　系统安装界面

（2）根据计算机的操作系统进行选择，以32位系统为例，选择"基于x86的操作系统（8）"，将出现"开始界面"，在此界面中选中"服务器、工具、联机丛书和示例（C）"，进行安装。如图2-2-2-2所示。

图2-2-2-2　安装光盘菜单导航界面

（3）在出现的"最终用户许可协议"界面中，选择"我接受许可条款和条件（A）"，如图2-2-2-3所示。

（4）选择"我接受许可"，单击"下一步"按钮，将出现"安装必备组件"的界面。该界面显示了在安装SQL Server 2005前必须先安装的3个组件（如果已经安装则不会显示），单击安装，将安装这3个组件，如图2-2-2-4所示。

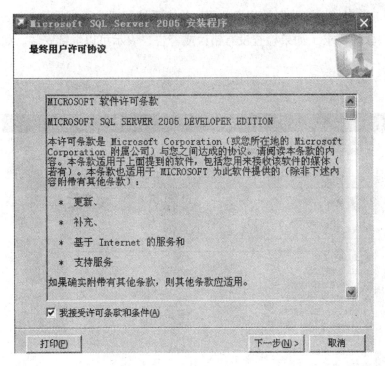

图2-2-2-3 最终用户许可协议界面

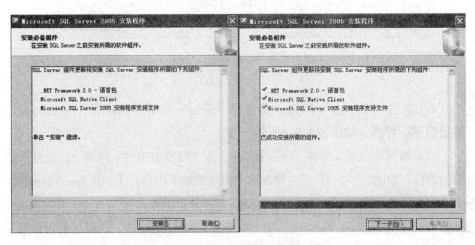

图2-2-2-4 安装必备的外部组件

（5）单击"下一步"按钮安装程序检查系统配置是否满足SQL Server 2005的硬件和软件要求。如果检查没有错误或警告，表示可以继续安装。如图2-2-2-5所示。

图2-2-2-5　系统配置检查

（6）单击"下一步"按钮，安装程序进行一些必要的准备工作后，进入"注册信息"界面，如图2-2-2-6所示。

（7）填写完成后，单击"下一步"，进入"要安装组件"界面，在此选择要安装的组件，如图2-2-2-7所示。该界面主要包括如下内容：① SQL Server DataBase Services：数据库引擎服务；② Analysis Services：分析服务；③ Notification Services：通知服务；④ Integration Services：集成服务；⑤ 工作站组件、联机丛书和开发工具：工作站组件就是SQL Server Managerment Studio。

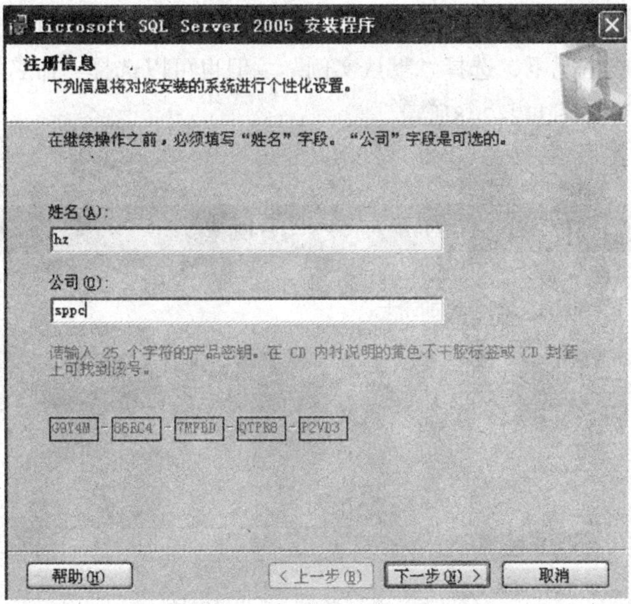

图2-2-2-6　注册信息

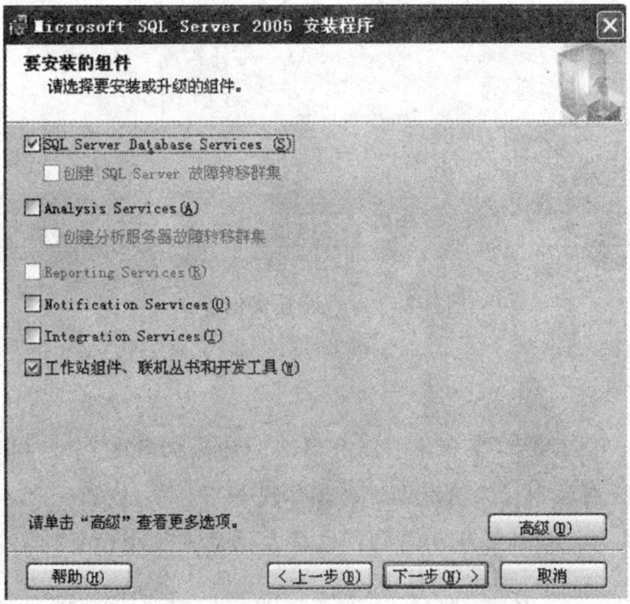

图2-2-2-7　安装SQL Server 2005组件

（8）单击"下一步"按钮，出现"实例名"界面。该界面用于设置服务器的实例名，一般情况下，选择"默认实例"。但也可以选择"命名实例"，表示为服务器命名，如图2-2-2-8所示。

图2-2-2-8　设置实例界面

注意：

在SQL Server 2005，实例名、服务器名和计算机名这3个名词容易混淆。实际上它们之间既有区别，又有联系，具体体现如下。

1）计算机名：指计算机的名称，它是在操作系统中设置的，一台计算机只能有一个名称。

2）服务器名：指作为SQL Server 2005服务器的计算机名称，如果数据库管理系统是装在本机，那么和计算机名没有区别，如果不是装在本机，就有区别，指的就是安装数据库管理系统的那台计算机名。

3）实例名：指在安装SQL Server 2005过程中，给服务器所取的名称，默认实例是与服务器名称相同，命名实例则是以"服务器名称/实例名"形式。在SQL Server 2005中只能有一个默认实例，可以有多个命名实例。

（9）单击"下一步"，出现"服务帐户"界面。此界面用于设置安装结束时服务器启动的服务、使用内置帐户还是域用户帐户等，如图2-2-2-9所示。

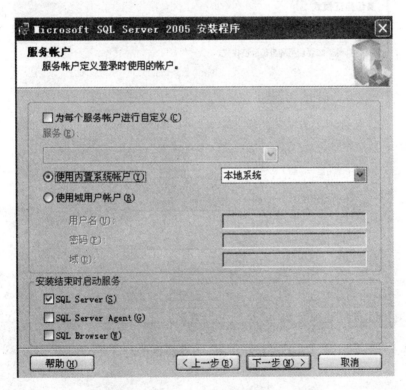

图2-2-2-9　SQL Server 2005服务账户设置

注意：

1）本地系统帐户：是服务器自己管理自己的账户。该账户无需设置密码，但是会限制与其他服务器的交互。

2）域用户账户：域中的计算机账户和密码都被域控制器集中管理和验证，该账户使用Windows身份验证设置并连接SQL Server 2005。

（10）单击"下一步"，出现"身份验证模式"界面窗口，通过该窗口，选择连接SQL Server 2005时所使用的验证模式，如图2-2-2-10所示。

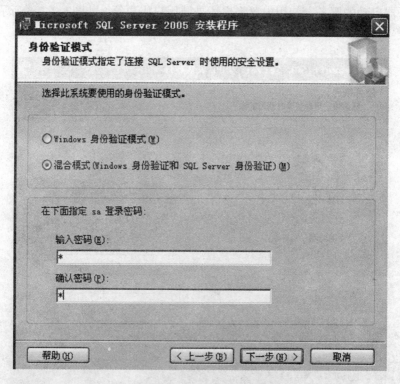

图2-2-2-10　身份验证模式

注意：

1）Windows身份验证模式：在SQL Server 2005中，建立与Windows用户帐户对应的登录帐号，在登录了Windows操作系统后，登录SQL Server就无需输入用户名和密码了。

2）混合模式：在SQL Server 2005中，建立专门用来登录SQL Server的帐户和密码，这些账户和密码与Windows无关。

（11）单击"下一步"，出现排序规则界面，如图2-2-2-11所示。

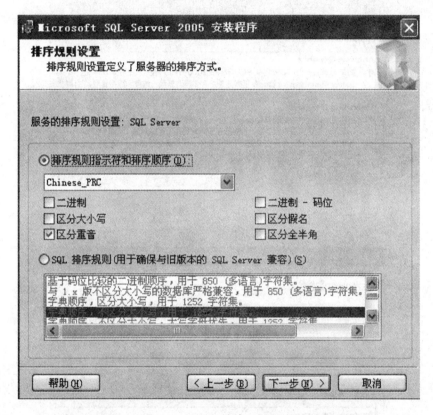

图2-2-2-11　排序规则设置

（12）单击"下一步"，根据需要选择，一般选择保持默认，单击"下一步"，直到出现如图2-2-2-12所示的安装界面。

（13）接下来，就是等待安装的过程，一般30分钟左右，直到出现如图2-2-2-13所示界面，就说明SQL Server安装完成。

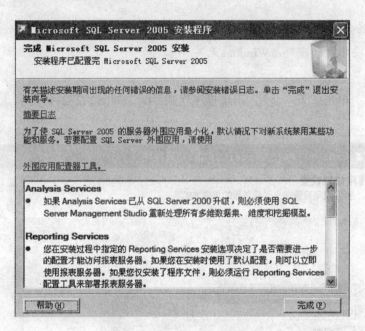

图2-2-2-12　配置组件界面

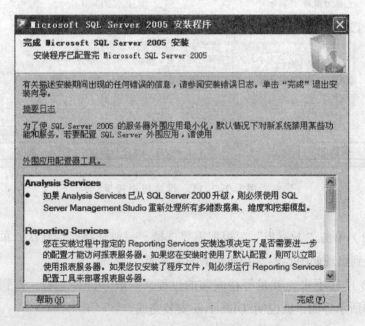

图2-2-2-13　安装完成界面

注意:

在正式使用SQL Server 2005之前,建议安装好SQL Server 2005后,将电脑重新启动,让安装配置文件生效。

2.3　SQL Server 2005配置管理

安装好SQL Server 2005,接下来就是对SQL Server 2005进行配置管理。安装过程是选择系统参数,并且将系统安装在生产环境中的过程,配置则是选择、设置、调整系统功能和参数的过程,安装和配置的最终目的是使系统在生产环境中发挥实效。SQL Server 2005进行的配置,包括配置服务和配置服务器。配置服务主要用来管理SQL Server 2005服务的启动状态以及使用何种账户启动。配置服务器是为了充分利用SQL Server 2005的系统资源、设置SQL Server 2005的默认行为状态的过程。合理地配置服务器选项,可以加快服务响应请求的速度,充分利用系统资源,提高系统的工作效率。

2.3.1　SQL Server 2005配置服务

"服务"是一种在系统后台运行的应用程序,SQL Server 2005配置服务的方法有两种。第一种方法是在Windows操作系统中,用户可以单击"开始",选择"控制面板|管理工具|服务"选项,出现如图2-3-1-1所示的所有服务窗体,通过该窗体可以启动、修改和关闭SQL Server 2005相关服务的属性。SQL Server 2005提供的服务如下:

1. MS SQL SERVER

MS SQL SERVER服务是SQL Server 2005的数据库引擎,也是数据库的核心服务。利用数据库引擎可以控制访问权限并快速处理事务,从而满足企业内要求极高并且处理大量数据的应用需要。MS SQL SERVER服务是SQL Server 2005运行的基本服务。

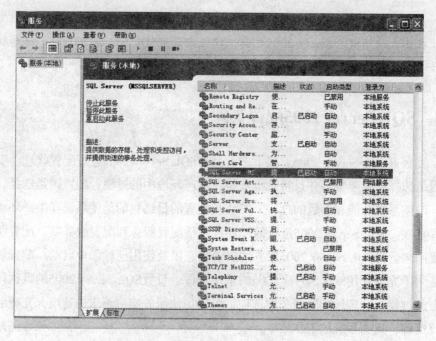

图2-3-1-1　SQL Server 2005服务

2. SQL Server Agent

SQL Server Agent称为SQL Server代理，用于执行数据库管理员安排的管理任务（也称为作业），一个作业可以包含一个或多个步骤，每个步骤完成一个任务，如数据库的备份、执行SQL语句。

3. SQL Server Analysis Services

SQL Server Analysis Services成为分析服务器，主要是为商业智能应用程序提供联机分析处理和数据挖掘功能的服务。

4. Reporting Services

Reporting Services称为报表服务，是一种基于服务器的报表平台，用于生成多种关系数据源和多维数据源提取内容的企业报表服务，能以各种格式查看报表。

5. SQL Server Browser

SQL Server Browser服务功能是将SQL Server的连接信息提供给客户端计算机。由于它是一个不识别实例的服务，所以由多个SQL Server实例和集成服务实例共享此服务。

从图2-3-1-1 SQL Server 2005服务中，选择MS SQL SERVER服务，右键单击MS SQL SERVER服务，在弹出的快捷菜单中选择"属性"命令，打开属性对话框。在"常规"选项卡中设置管理服务器的状态和启动类型，包括自动、手动和已禁用，如图2-3-1-2所示。

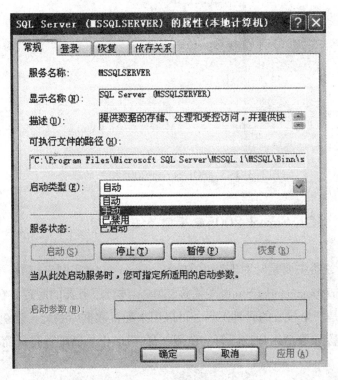

图2-3-1-2　常规选项卡

第二种方法是使用SQL Server 2005中自带的服务器配置工具SQL Server Configuration Manager，打开该工具后，出现与SQL Server 2005相关的服务，如图

2-3-1-3所示。右键单击MS SQL SERVER服务，在弹出的快捷菜单中，选择"属性"命令，打开属性对话框，也可以对SQL Server 2005服务进行管理。

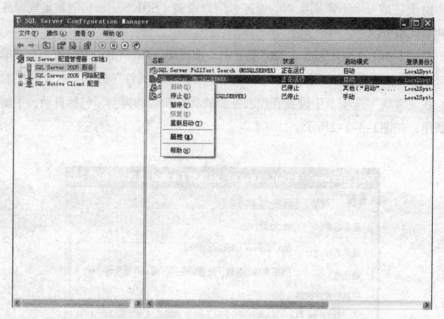

图2-3-1-3　SQL Server 2005相关的服务

2.3.2　SQL Server 2005配置服务器

配置服务器主要是针对安装后的SQL Server 2005实例进行的。通常我们使用SQL Server Management Studio（简称SSMS）进行服务器的配置。在SQL Server 2005中，它是一个核心的管理工具，可以用来配置数据库系统，建立和删除数据库对象，设置和取消用户权限等。使用SSMS图形化界面配置是最简单，也是最常用的方法。

（1）在计算机中单击"开始"菜单，选择"所有程序|Microsoft SQL Server 2005|SQL ServerManagement Studio"进行启动。

（2）启动SQL Server Management Studio后，需要选择登录账号，也可以"浏览"登录其他服务器，如图2-3-2-1所示。

图2-3-2-1 连接服务器图

注意：

1）Windows身份验证模式：与Windows用户帐户对应的登录帐号，只要用户登录了Windows操作系统，就可以有登录SQL Server 2005的权限。

2）混合模式：在SQL Server 2005中建立用来登录SQL Server 2005的帐号和密码，这些账户和密码与Windows系统无关。

（3）选择"浏览"登录其他服务器，打开本地或者网络上"查找服务器"对话框，如图2-3-2-2和图2-3-2-3所示。

我们选择服务器名称为本机默认，身份认证选择SQL Server身份验证登录，用户名为sa，密码为安装时设置的密码，如图2-3-2-4所示。

（4）单击图2-3-2-4中的"连接"，进入图2-3-2-5的SQL Server Management Studio窗口。

（5）连接服务器成功后，右键单击"对象资源管理器"窗口，在弹出的快键菜单中，选择"属性"命令，在打开的服务器属性窗口中可以看到8个设置选项。其中"常规"选项窗口列出了当前服务器的内存大小、处理器数量、SQL Server安装目录和服务器的排序规则等信息，如图2-3-2-6所示。

图2-3-2-2　本地服务器选项卡

图2-3-2-3　网络服务器选项卡

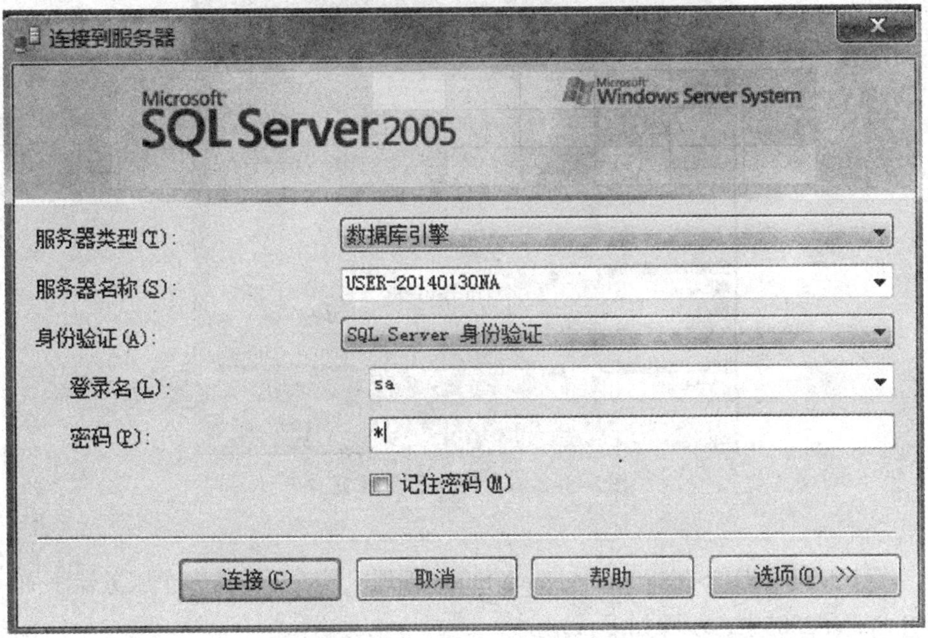

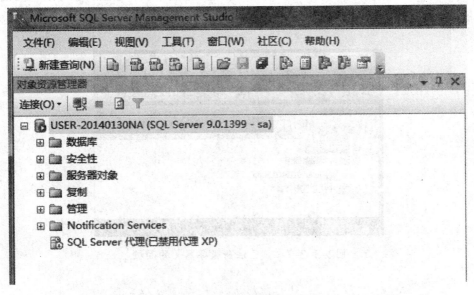

图2-3-2-4　登录服务器图

图2-3-2-5　对象资源管理器窗口

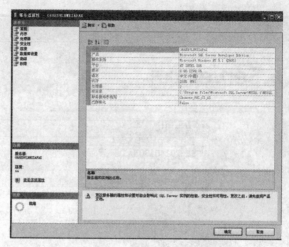

图2-3-2-6　服务器属性窗口

（6）利用SQL Server Management Studio管理工具，可以将多个服务器添加到SQL Server 2005中，步骤如下：

1）进入SQL Server Management Studio 窗口，在菜单栏中选择"视图|已注册服务器"，在"对象资源管理器"面板上，会出现一个"已注册服务器"的面板，如图2-3-2-7所示。

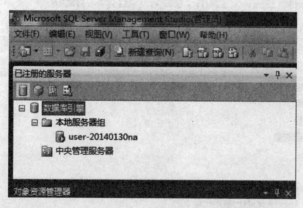

图2-3-2-7　"已注册服务器"的面板

2）在"已注册服务器"面板中，单击右键，弹出快捷菜单，选择"新建|服

务器注册"命令，如图2-3-2-8所示。

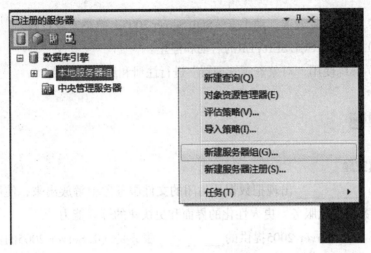

图2-3-2-8　"已注册服务器"面板

3）在弹出的对话框中，输入服务器名称，选择身份验证方式，单击"保存"完成服务器注册，如图2-3-2-9。

图2-3-2-9　编辑服务器注册属性

2.4　实训

（1）了解安装需求，动手安装SQL Server 2005，熟悉安装过程。

（2）学会MS SQL SERVER的启动和停止。

（3）熟练使用"对象资源管理器"进行注册和删除服务器。

2.5　习题

1. 填空题

（1）_____出现把数据从封闭的文件服务器中解放出来，使用户能得到更多的数据信息服务、更人性化的界面和更快速的计算能力。

（2）SQL Server 2005提供的_____服务是SQL Server 2005的数据库引擎，也是数据库的核心服务。

2. 判断题（正确的写"T"、错误的写"F"）

（1）在MS SQL SERVER服务"属性"中，在"常规"选项卡中设置管理服务器的状态和启动类型，包括自动、手动和已禁用。

（2）Windows身份验证模式下必须要在SQL Server 2005中建立用来登录SQL Server 2005的帐号和密码。

3. 简答题

（1）简述安装SQL Server 2005的软件和硬件要求。

（2）简述如何对服务进行启动、停止、暂停、恢复和重新启动操作。

（3）简述在SQL Server 2005中如何进行服务器注册。

第三章　管理数据库

内容摘要

在SQL Server 2005中，数据存放在数据表中，而数据表是存放在数据库中的。除了数据表之外，视图对象和约束对象也存放在数据库中。因此，数据库的创建是学习和使用数据库的基础。而且数据库的创建、查看、设置和修改等各种操作又是创建数据库的基本方法，所以管理数据库的核心任务包括创建和操作数据库。例如，如何设计数据库的大小、规划数据库文件的存储位置、设置和修改数据库的属性等。此外，应数据库管理的安全性需要，需要了解如何通过分离和附加的方法实现数据库的备份和还原效果。

学习目标

- 了解SQL Server 2005系统数据库的构成和作用
- 熟悉在SSMS图形操作界面中查看数据库的方法
- 理解SQL Server数据库及其文件的存储结构和作用
- 掌握在SSMS图形操作界面中创建数据库的方法
- 掌握在SSMS图形操作界面中修改数据库的操作
- 掌握在SSMS图形操作界面中删除数据库的操作
- 掌握在SSMS图形操作界面中数据库的分离和附加操作

3.1　系统数据库

作为数据库管理系统，SQL Server 2005在管理用户数据时其本身也要存取一些数据和信息，这些数据和信息同样保存在数据库中。相对用户创建的数据库而言，这些数据库通常被称为系统数据库。

在默认情况下，当成功安装SQL Server 2005后，有4个系统数据库被自动创建：master、model、msdb、tempdb数据库。用户不能对系统数据库进行任何操作，更不能进行删除，否则可能导致整个数据库管理系统的崩溃。系统数据库在SSMS中的界面如图3-1-1所示。

图3-1-1　系统数据库的界面

3.1.1　master数据库

master数据库是整个SQL Server 2005的核心。如果此数据库被破坏，那么SQL Server 2005就无法再启动和运行了。master数据库保存了SQL Server 2005的初始化信息和所有的系统级信息，记录了所有用户的登录账户和系统配置。master数据库是SQL Server 2005中最重要的系统数据库，对其进行更新或删除操作而导致的master数据库不可用，都将使得整个SQL Server 2005系统无法启动和运行。

注意：

由于master数据库的特殊地位和作用，建议在执行下列操作后都备份master数据库。

1）创建、修改和删除用户数据库。

2）更改服务器和用户数据库的配置。

3）修改或添加登录账户。

3.1.2 model数据库

model数据库是用于保存所有用户数据库和tempdb数据库的模版。每当用户创建数据库的时候，SQL Server 2005将用model数据库提供的信息初始化被创建的数据库，即当用户创建新数据库的时候，SQL Server 2005将通过复制model数据库中的内容，来创建数据库的第一部分，然后用空页填充新数据库的剩余部分。

注意： 如果修改model数据库，之后所创建的所有数据库都将继承这些修改。例如，假设将model数据库的数据文件的初始大小改为10M（默认3M），那么在今后创建数据库时，其数据文件的初始大小默认都为10M。

3.1.3 msdb数据库

msdb数据库由SQL Server 2005代理用于计划警报和作业，也可以由其他功能（如Service Broker和数据库邮件）使用。

3.1.4 tempdb数据库

tempdb数据库是一个临时的系统数据库，用于为所有临时表、临时存储过程以及其他的临时操作提供存储空间。例如，假设用户在对数据库中的数据进行修改时，在修改操作的事务没有被提交的情况下，系统中就会有该数据的新、旧版本之分，往往修改后的数据表构成的临时表被存储在tempdb数据库中。tempdb数据库是一个全局资源，所有连接到系统的用户临时对象都被存储在该数据库中。

注意： tempdb数据库在SQL Server 2005每次启动时会被重新创建；在关闭SQL Server 2005时，其中的临时数据对象都会被删除，在重新启动时这些临时对象都不复存在。总之，tempdb数据库是SQL Server 2005工作时，临时使用的"数据仓库"，用户不宜在其中存储数据。

3.2 数据库存储文件

3.2.1 数据库文件

数据库文件是数据库用于存储数据的系统文件，它保存了数据库中的所有数据。SQL Server 2005数据库文件分为数据文件和事务日志文件，其中前者又包含主数据文件和辅助数据文件。因此，在SQL Server 2005数据库中可以使用3种类型的文件来存储信息。

1. 主数据文件

主数据文件也称为主要数据文件，是数据库的起点，指向数据库中的其他数据文件，主要存放数据库的启动信息，并存放数据。每个数据库有且仅有一个主数据文件，其默认的文件扩展名为.mdf。

2. 辅助数据文件

辅助数据文件也称为次要数据文件，也是用于存放数据的，主要存放没有存放在主数据文件中的数据。辅助数据文件可用于将数据分散到多个磁盘上。当数据大到超过主数据文件的系统限制时，则需要辅助数据文件。每个数据库可以没有或者有多个辅助数据文件，其默认的文件扩展名为.ndf。

3. 事务日志文件

事务日志文件用于保存恢复数据库的所有日志信息。这使得数据库出现故障或崩溃时可以把它恢复到最近状态，从而最大限度地减少由此带来的损失。每个数据库中必须至少包含一个事务日志文件，其默认的文件扩展名为.ldf。与数据文件不同，事务日志文件不存放数据，不包含数据页，而是由一系列的日志记录组成。

由此可见，一个简单的数据库只需要有一个主数据文件和一个事务日志文件。如果数据库比较庞大，可以另外设置多个辅助数据文件和事务日志文件，并可以将它们存放在不同的磁盘上。如在本教程的数字出版内容管理实例中，只有一个主数据文件和一个事务日志文件，其文件名分别为szcbnrgl.mdf和szcbnrgl_log.ldf。

注意：

SQL Server 2005不强制使用.mdf、.ndf、.ldf文件扩展名，但是使用这些扩展名可以帮助标识文件，达到顾名思义的效果，同时，指出文件类型也是一个良好的命名习惯。

3.2.2 文件组

文件组是为便于分配和管理而进行的一种逻辑划分，是将若干个数据文件放在一起而形成的文件集合。文件组为数据文件提供了一种整体管理机制，通过文件组可以有效地提高数据库的性能和访问效率。

注意：

数据库文件和文件组必须遵循以下原则：

1）一个数据文件或文件组只能被一个数据库使用。

2）一个数据文件只能属于一个文件组。

3）日志文件不能属于任何文件组。

4）一个数据库至少有一个文件组（Primary），也可以有多个文件组（至多32767个）。

5）在数据库中有且仅有一个为默认文件组，默认情况下主文件组为默认文件组。

3.2.3 数据文件的组成

SQL Server 2005系统的数据文件是以"页"为最小物理空间单位来组织数据的。页是SQL Server中数据存储的基本单位，是数据库中使用最小的数据单元。磁盘I/O操作在页级执行，每个页的大小为8KB（8 192B）。数据库表中的每行数据不能跨页存储，即表中的每行字节数不能超过8 192B。另外，由于在每页上系统要占用一部分空间来记录与该页相关的系统信息，所以实际上每页的可用空间是8 060B。一个区由8个页组成，这些页在磁盘上是连续的，总共占64KB。区是管理空间的最基本单位，SQL Server为数据库对象分配存储空间时是以区为单位进行的。数据文件由区组成（每M有16个区），区由页构成（每区有8页）。

3.3 创建用户数据库

创建用户数据库可以通过工具SQL Server Management Studio（SSMS）的图形界面操作和查询编辑器两种方法来实现。本章只介绍图形界面创建用户数据库的操作方法，查询编辑器方法将在第六章专题介绍。以创建数字出版内容管理实例数据库为例，使用SSMS图形界面操作方法的操作步骤如下：

（1）启动SSMS的步骤：

1）在"开始"菜单上，依次指向"所有程序|Microsoft SQL Server 2005|SQL Server Management Studio"，如图3-3-1所示。

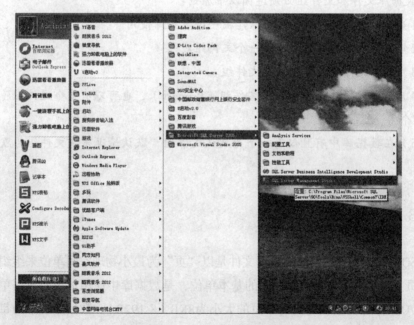

图3-3-1　SSMS的位置

2）单击"SQL Server Management Studio"，出现"连接到服务器"对话框，如图3-3-2所示。

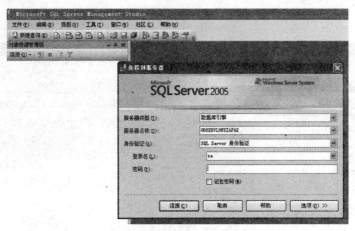

图3-3-2　连接到服务器

注意：

上图中，服务器名称以实际操作的服务器名称为准，身份验证视实际情况选择SQL Server身份验证或Windows身份验证。

3）根据实际环境进行图3-3-2界面的相关选择，单击"连接"按钮，出现"SSMS"管理界面，如图3-3-3所示。

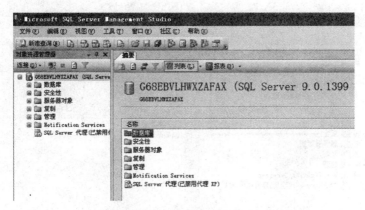

图3-3-3　SSMS管理界面

4）在对象资源管理器中，双击展开左侧"数据库"，出现"系统数据库"；再双击展开"系统数据库"，出现3.1章节介绍的4个系统数据库，如图3-3-4所示。

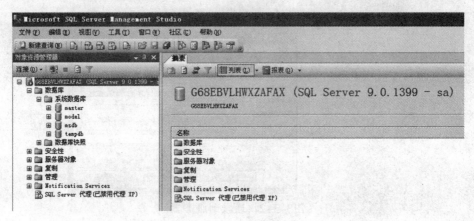

图3-3-4 系统数据库

（2）在对象资源管理器中，选中左侧"数据库"，单击右键出现"新建数据库"弹出菜单，如图3-3-5所示。

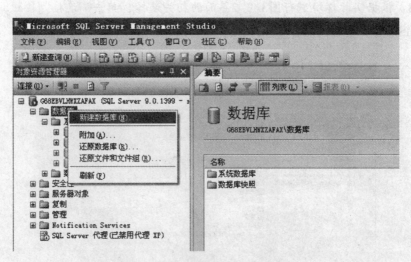

图3-3-5 "新建数据库"弹出菜单

（3）在弹出快捷菜单中，单击"新建数据库"选项，出现"新建数据库"窗口，如图3-3-6所示。

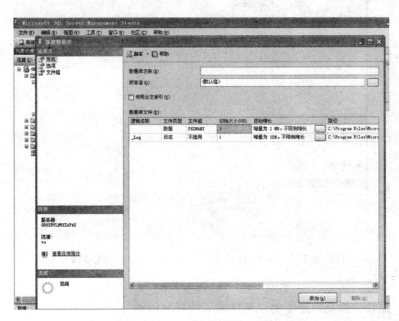

图3-3-6　"新建数据库"窗口

（4）在"新建数据库"窗口中输入数据库名称，方法为在"数据库名称"对应的文本框中输入数据库名的字符串"szcbnrgl"。采用主数据文件的默认逻辑名称"szcbnrgl"和事务日志文件的默认逻辑名称"szcbnrgl_log"，文件路径修改为"c：\szcbnrgl"，如图3-3-7所示。此外，还可以在"新建数据库"窗口中，修改数据库默认的逻辑名称、文件组、初始大小和自动增长等数据库选项。

"新建数据库"窗口的"常规"选项中需要设置的内容含义如下：

1）逻辑名称：也叫逻辑文件名，为了在逻辑结构中引用物理文件，SQL Server 2005给这些物理文件起了逻辑名称。其默认值与数据库名称相同，但可以更改，每个逻辑名称是唯一的，与物理文件名称相对应，主数据文件、辅助数据文件和事务日志文件的默认后缀分别为".mdf"、".ndf"、".ldf"，不需要书写。

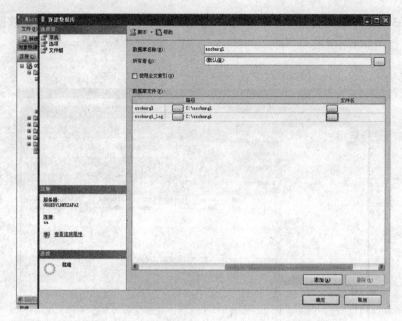

图3-3-7 "新建数据库"窗口的"常规"选项修改

2）路径：指定数据库物理文件的具体存放位置。

3）文件类型：用于标识数据库文件的类型，表明该文件是数据文件还是事务日志文件。

4）文件组：表示数据文件隶属于哪个文件组，创建后不能更改。文件组仅仅适用于数据文件，不适用于日志文件。主数据文件属于默认的Primary文件组，不可更改，辅助数据文件可以使用默认的Primary文件组，也可自行设置文件组。

5）初始大小：表示对应数据库文件创建时所占的磁盘空间的大小，单位为"MB"，默认最小值为3MB。在创建数据库时应适当设置该值，如果过大会浪费磁盘空间；如果过小，在需要时会自动增长，但这样会导致数据文件所占的磁盘空间不连续，从而降低访问效率。

6）自动增长：在数据文件和日志文件创建时分配了其所占用空间的初始值，但在应用中随着数据存储量的增加，数据总量可能会超过该初始值，这时需要数据文件的大小能够自动增长。

（5）完成数据库属性设置后，单击"确定"按钮，"szcbnrgl"数据库创建完毕。展开数据库节点，可以看到多出了"szcbnrgl"数据库，如图3-3-8所示。此外，如果切换到Windows资源管理器，我们也可以看到在c：\szcbnrgl下确实生成了两个数据库文件：szcbnrgl.mdf和szcbnrgl.ldf，如图3-3-9所示。

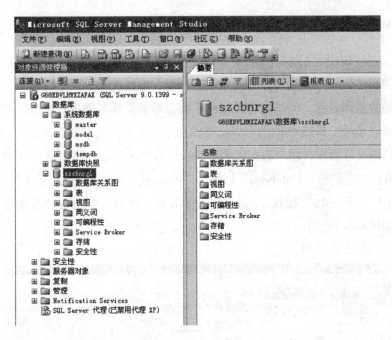

图3-3-8　SSMS下的"szcbnrgl"数据库界面

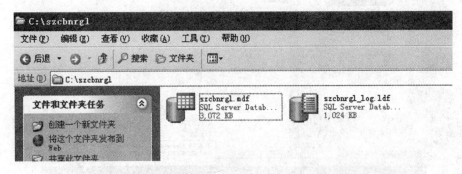

图3-3-9　资源管理器下的"szcbnrgl"数据库文件

3.4 维护数据库

3.4.1 修改数据库

1. 修改数据库名称

应用程序调用数据库时，需要使用数据库名称，如果数据库名称被修改，那么相应的程序代码也要进行相应的修改，所以一般情况下，不建议用户修改已经创建好的数据库名称。但是在特殊情况下需要对数据库名称进行修改。修改数据库名称可以通过工具SSMS的图形界面操作和查询编辑器两种方法来实现。本章只介绍通过图形界面修改用户数据库名称的操作方法。例如，使用SSMS图形界面操作方法将数据库名称从"szcbnrgl"修改为"szcbnrgl_modify"的操作步骤如下：

（1）启动SSMS，找到szcbnrgl数据库节点，单击右键出现"重命名"弹出菜单，如图3-4-1-1所示。

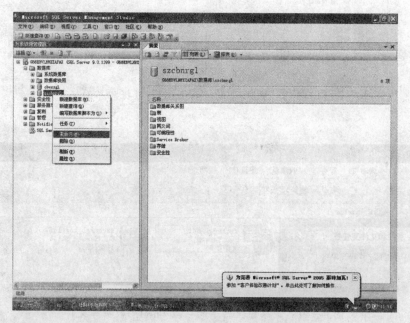

图3-4-1-1 "重命名"弹出菜单界面

（2）单击"重命名"选项，出现的界面如图3-4-1-2所示。

图3-4-1-2 单击"重命名"后的界面

（3）在编辑框内输入新的数据库名称"szcbnrgl_modify"，如图3-4-1-3所示。

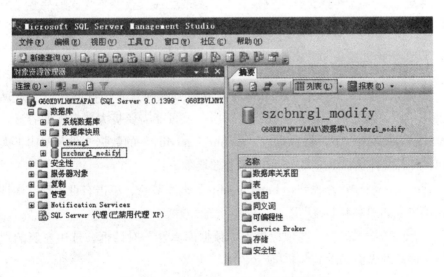

图3-4-1-3 输入新数据库名称的界面

（4）确认好修改后的数据库名称，如图3-4-1-4所示。

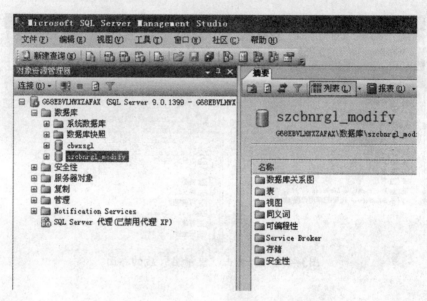

图3-4-1-4　数据库名称修改成功的界面

注意：在修改数据库名称的过程中，要切断任何与该数据库的连接，否则修改数据库名称不会成功。

2. 修改数据库大小

修改数据的大小，实质上也是修改数据文件和日志文件的长度。数据库在使用一段时间之后，数据量在不断膨胀，就可能需要扩大数据库的容量。在SSMS图形界面操作下，将数据库"szcbnrgl_modify"的数据文件从3MB扩大为5MB，日志文件从1MB扩大为2MB的操作步骤如下：

（1）启动SSMS，找到szcbnrgl_modify数据库节点，单击右键出现"属性"弹出菜单，如图3-4-1-5所示。

（2）单击"属性"选项，出现"数据库属性"对话框，选中左侧的"文件"选项后的界面如图3-4-1-6所示。

图3-4-1-5 数据库"属性"弹出菜单界面

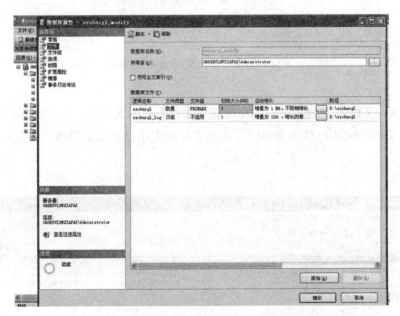

图3-4-1-6 数据库属性文件选项的界面

（3）在szcbnrgl数据文件行的"初始大小"列中，输入"5"；在日志文件的"初始大小"列中，输入"2"，如图3-4-1-7所示。

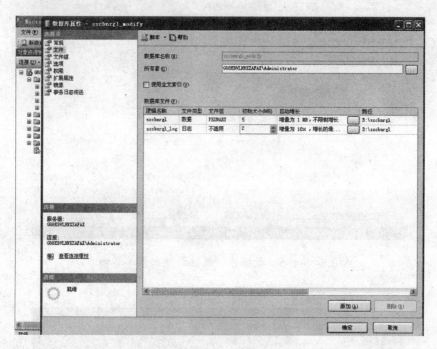

图3-4-1-7　修改文件大小的界面

（4）文件大小确认好后，在资源管理器下找到文件夹"C：\szcbnrgl"，发现数据文件的大小已修改为5MB，日志文件的大小已修改为2MB，如图3-4-1-8所示。

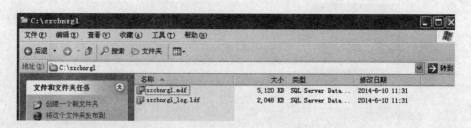

图3-4-1-8　资源管理器下文件大小修改成功的确认

3.4.2　查看数据库

在SQL Server 2005中，数据库分为系统数据库和用户数据库，如上节创建的数据库都是用户数据库。使用SSMS图形界面可以直接查看数据库的基本信息。如查看数据库"szcbnrgl_modify"基本信息的操作步骤如下：

（1）启动SSMS，找到szcbnrgl_modify数据库节点，单击右键出现"属性"弹出菜单。

（2）单击"属性"选项，出现如图3-4-2-1所示的属性对话框。通过该对话框，可查看数据库的基本信息、文件信息、选项信息、文件组信息和权限信息等。

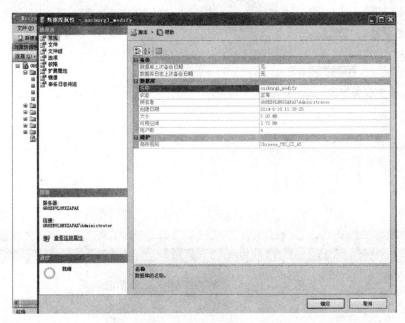

图3-4-2-1　查看数据库信息对话框

3.4.3　删除数据库

当一个数据库已经被复制到另一个服务器，或者已经确认不再需要的时候，需要对该数据库进行删除。但是为了避免不必要的损失，在实际应用当中不管删除哪个数据库，在删除时应对其进行备份。在删除数据库之前，必须确保数据库不处于工作状态，否则无法进行删除操作。在SSMS图形界面操作下删除数据库"szcbnrgl_modify"的操作步骤如下。

（1）启动SSMS，找到szcbnrgl_modify数据库节点，单击右键出现"删除"弹出菜单，如图3-4-3-1所示。

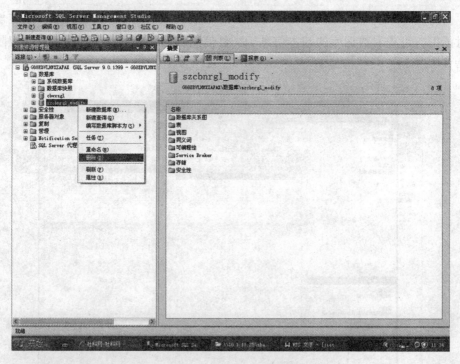

图3-4-3-1　　"删除"弹出菜单界面

（2）单击"删除"选项，出现的界面如图3-4-3-2所示。

（3）单击"确定"按钮，可以看到数据库节点下已无数据库"szcbnrgl_modify"，如图3-4-3-3所示。

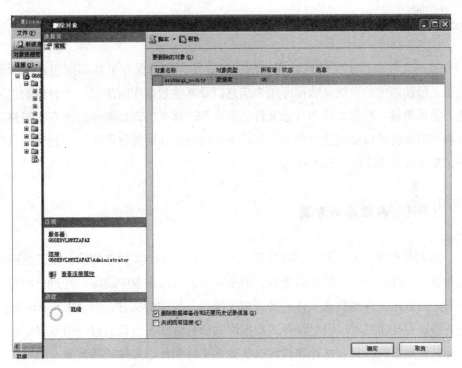

图3-4-3-2　单击"删除"后的界面

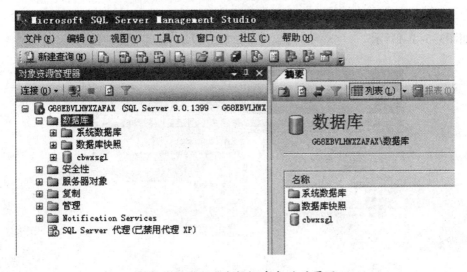

图3-4-3-3　删除数据库成功的界面

3.5 数据库分离与附加

数据文件和日志文件是数据库的全部支撑，它们保存了数据库包含的所有信息，包括表中的数据、数据库用户信息以及其他数据库对象。一个自然的想法是，能否通过对数据文件和日志文件的保存和转移来实现数据库的保存和转移。分离和附加就可以完成这个任务。但数据库的分离和附加仅限于用户创建的数据库，系统数据库不能进行此操作。

3.5.1 数据库的分离

所谓数据库的分离就是将数据库从SQL Server 2005实例中删除，使其数据文件和日志文件在逻辑上脱离服务器。但是它并没有从磁盘中删除，经过分离后，数据库的数据文件和日志文件纯粹变成了操作系统中的文件，与SQL Server 2005服务器没有任何关联，但它保存了数据库的所有信息。当我们想备份数据库或移动到其他地方时，只要保存和转移这些数据文件和日志文件（两者缺一不可）即可。以创建的数字出版内容管理实例数据库（szcbnrgl）为例，通过SSMS图形界面分离数据库的操作步骤如下：

（1）打开SSMS，展开对象资源管理器，找到 "szcbnrgl"数据库的界面，如图3-5-1-1所示。

图3-5-1-1　分离的数据库节点界面

（2）单击右键出现"任务"弹出菜单，选中"任务"，会出现"分离"弹出菜单，如图3-5-1-2所示。

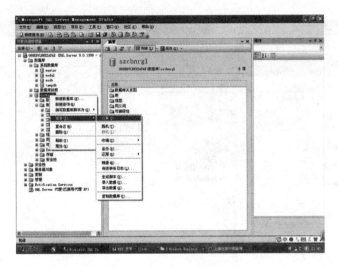

图3-5-1-2　"分离"弹出菜单界面

（3）单击"分离"选项，出现"分离数据库"对话框，如图3-5-1-3所示。

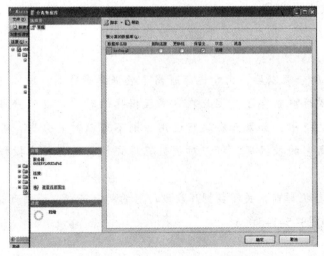

图3-5-1-3　"分离数据库"对话框

（4）单击"确定"按钮，分离成功后，数据库节点下的"szcbnrgl"数据库消失，如图3-5-1-4所示。

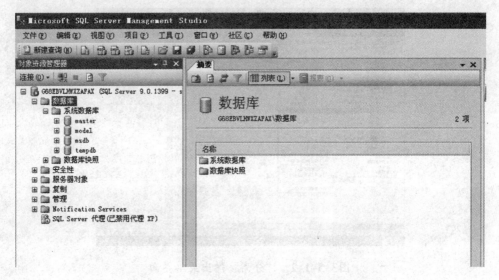

图3-5-1-4   "分离数据库"成功后的效果图

（5）将C：\szcbnrgl下的数据文件和日志文件拷贝到任意磁盘位置备份起来，以备下次还原之需。

注意：

1）数据库分离以后，由于已经脱离了数据库服务器，所以它已经不再为应用程序提供存取服务了。因此在分离数据库的时一定要明确当前数据库是否正在处于运行中，如果正在运行使用，则不可以对其分离，否则会产生重大损失。分离完的数据库，可以对该数据库文件夹进行任意操作，包括复制和剪切等。

2）分离数据库前，关闭数据库表设计器的所有窗口，否则可能出现分离失败的提示，如图3-5-1-5所示。

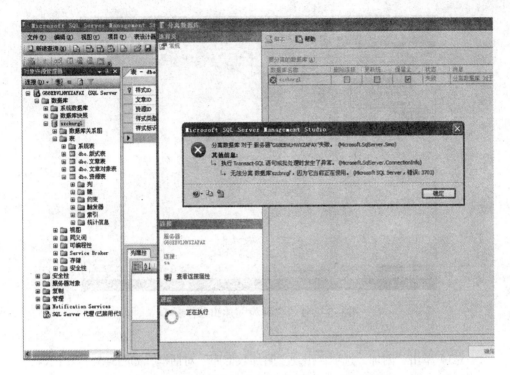

图3-5-1-5　"分离数据库"失败后的效果图

3.5.2　数据库的附加

分离数据库的目的是备份数据库或转移数据库（包括从一个SQL Server 2005服务器中转移到另一个SQL Server 2005服务器中）。要使分离后的数据库转移到SQL Server 2005服务器中，可以通过数据库的附加操作来实现。以分离的数字出版内容管理实例数据库（szcbnrgl）为例，通过SSMS图形界面附加数据库的操作步骤如下：

（1）将待附加数据库所有的数据文件和日志文件复制到SQL Server 2005数据库服务器所在的机器上，如存放在C：\szcbnrgl下。

（2）在对象资源管理器中找到"数据库"节点，然后单击右键出现"附加"弹出菜单，如图3-5-2-1所示。

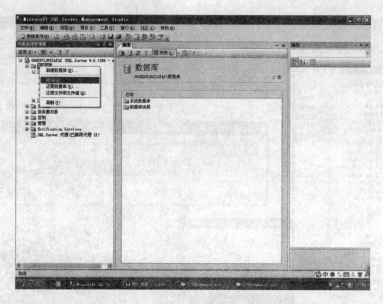

图3-5-2-1　"附加"弹出菜单界面

（3）单击"附加"选项，出现"附加数据库"对话框，如图3-5-2-2所示。

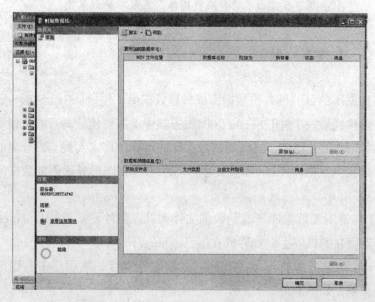

图3-5-2-2　"附加数据库"对话框

（4）单击"添加"按钮，出现"定位数据库文件"对话框，定位到C：
\szcbnrgl\ szcbnrgl.mdf，如图3-5-2-3所示。

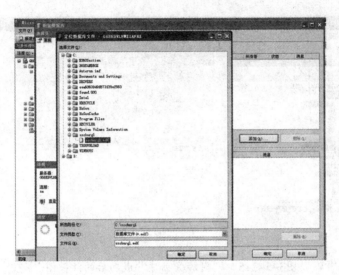

图3-5-2-3 "定位数据库文件"对话框

（5）单击"确定"按钮，回到"附加数据库"对话框，如图3-5-2-4所示。

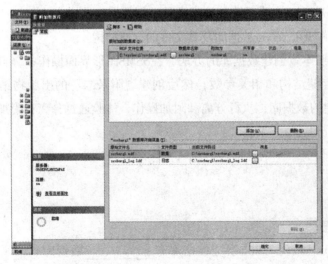

图3-5-2-4 定位好数据文件后的效果图

（6）单击"确定"按钮，附加成功后，数据库节点下出现"szcbnrgl"数据库，如图3-5-2-5所示。

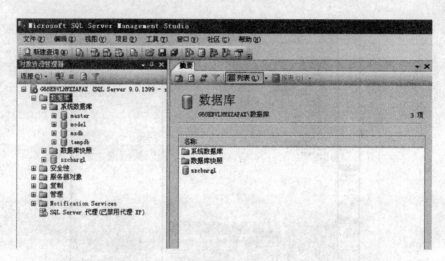

图3-5-2-5　"附加数据库"成功后的效果图

3.6　实训

（1）打开SSMS查看系统数据库及其示例数据库结构。

（2）理解SQL Server数据库及其文件的存储结构。

（3）按照本章创建数据库的方法，在SSMS图形界面操作中，自己先设计数据库的文件存储结构和相关参数，然后创建"附录二"的出版物销售管理数据库。并将创建的数据库，执行分离和附加操作，体验通过分离和附加的方法实现数据库的备份和还原效果。

3.7　习题

1. 填空题

（1）SQL Server 2005系统数据库有_____数据库、_____数据库、_____数据库和msdb数据库等。

（2）SQL Server 2005数据库由_____文件、辅助数据文件和_____文件组成。

（3）在SSMS中，单击右键要操作的数据库，在弹出的快捷菜单中选择_____命令创建数据库，选择_____命令删除数据库。

（4）通过分离和_____的方法可实现数据库管理系统的安全，保存数据库的所有信息。

2. 判断题（正确的写"T"、错误的写"F"）

（1）SQL Server 2005创建的数据库管理系统可由两个主数据文件和一个日志文件构成。

（2）使用数据库分离的方法备份数据库只需将数据文件拷贝备份即可实现后续的恢复功能。

3. 简答题

（1）SQL Server 2005系统数据库有哪些？各有什么作用？

（2）SQL Server 2005中数据库文件有哪几类？各有什么作用？

（3）数据库主数据文件、辅助数据文件和事物日志文件的扩展名各是什么？

第四章　管理数据表

内容摘要

　　数据表是数据库中最重要的对象，数据库的全部数据都存储在不同的数据表中。数据表是一种结构化的文件，可用来存放数据库支持的特定类型的数据，管理好数据表也就管理好了数据库。数据表的设计是数据库设计最关键的因素，将直接影响数据库使用的合理性与有效性。了解SQL Server 2005数据库系统，掌握数据表的数据类型是创建数据库必备的基础。数据表及约束对象的创建以及数据的输入更新是管理数据表的重要环节。本章将详细介绍基于SSMS图形界面的数据表的各种操作（创建、修改和删除等）和数据完整性的实施等内容。

学习目标

- 了解数据表的分类
- 熟悉并理解SQL Server的数据类型
- 理解并掌握各种数据完整性的概念
- 掌握在SSMS图形操作界面创建、修改和删除数据表的方法
- 掌握在SSMS图形操作界面中设置各种约束的方法
- 掌握在SSMS图形操作界面中向数据表中输入数据的方法
- 按照本章数据表的创建方法，能够在SSMS图形操作界面中，创建"附录一"中所有的数据表，并输入相应的数据
- 按照本章数据表的创建方法，能够在SSMS图形操作界面中，创建"附录二"中所有的数据表，输入相应的数据，并尝试数据表的修改和删除操作

4.1　数据表的分类

创建用户数据库之后，接下来的工作是创建数据表。因为要使用数据库就需要在数据库中找到一种对象能够存储用户输入的各种数据，而且以后在数据库中完成的各种操作也是在数据表的基础上进行的，因此，数据表是数据库中最基础、最重要的对象之一。

数据表又称为二维表，就是由行和列组成的表格。数据在表中是按照行和列的格式来组织排列的。每一行代表一条唯一的记录，每一列代表记录中的一个字段。

在SQL Server 2005中每个数据库最多可存储20亿个数据表，每个数据表可以有1024列，每行最多可以存储8060字节。在SQL Server 2005中，按照存储时间分类，可以分为永久数据表和临时数据表。永久表在创建后一直存储在数据文件中，除非用户删除该表；临时表是由系统在运行过程中创建的，当用户退出或系统修复时，临时表将被自动删除。

从用户角度，数据表又可以分为系统数据表、用户表和临时表。系统表是保证数据库服务器正常启动、维护数据库正常运行的数据表。每个数据库都有自己的系统表，它们一般都属于永久数据表。对于这些表的管理由DBMS自动完成，用户对其只有读的权限而没有写的权限。用户表是用户通过SSMS图形界面操作或SQL脚本创建的数据表，在后台都是通过Create table 语句来创建的。临时表用于存放一些临时的数据，分为本地临时表和全局临时表。本地临时表只对于创建者是可见的，当用户与 SQL Server 实例断开连接后，将删除本地临时表。全局临时表在创建后对任何用户和任何连接都是可见的，当引用该表的所有用户都与 SQL Server 实例断开连接后，将删除全局临时表。

4.2　数据表的创建和管理

4.2.1　数据类型说明

在创建数据表时，涉及数据表的结构问题，表结构包含各字段的数据类型。因为数据库管理系统是根据设计好的数据表结构，进行数据表创建，在磁盘上开辟相应的空间后，用户才能向数据表中输入数据。因此在进行数据表的相关操作前，必须了解SQL Server 2005的数据类型。

1. 数据类型列表

在SQL Server 2005的数据表中，字段的数据类型既可以是系统提供的数据类型，也可以是用户自定义的数据类型。SQL Server 2005系统提供了丰富的数据类型，表4-2-1-1列出了SQL Server 2005所支持的数据类型。

表4-2-1-1　SQL Server 2005所支持的数据类型

数据类型		说　明
数值型	bigInt	-2^{63} ~ $2^{63}-1$间的整数数据
	int	-2^{31} ~ $2^{31}-1$间的整数数据
	smallint	-2^{15} ~ $2^{15}-1$间的整数数据
	tinyint	0 ~ 255间的整数数据
	bit	0或1的整型数据（0表示真，1表示假）
	decimal	$-10^{38}+1$ ~ $10^{38}-1$的固定精度和小数位的数字数据
	float	$-1.79E+308$ ~ $1.79E+308$浮点精度的数字数据
	real	$-3.40E+38$ ~ $3.40E+38$的浮点精度数字数据
货币型	money	货币数据值介于-2^{63} ~ $2^{63}-1$，精确到货币单位的1/10000
	smallmoney	货币数值介于-2147483648 ~ $2147483648-1$之间，精确到货币单位的1/10000
日期/时间型	datetime	1753年1月1日 ~ 9999年12月31日的日期，精确到0.001秒
	smalldatetime	1900年1月1日 ~ 2079年6月6日的日期，精确到分钟
字符型	char	固定长度的非Unicode字符数据，最大长度为8000个字符
	varchar	可变长度的非Unicode数据，最大长度为8000个字符
	text	可变长度的非Unicode数据，最大长度为$2^{31}-1$个字符
统一字符型	Nchar	固定长度的Unicode数据，其最大长度为4000个字符
	Ntext	可变长度的Unicode数据，其最大长度为$2^{30}-1$个字符
	Nvarchar	可变长度的Unicode数据，其最大长度为4000个字符
二进制型	binary	固定长度的二进制数，其最大长度为8000个字节
	varbinary	可变长度的二进制数，其最大长度为8000个字节
	image	可变长度的二进制数据，其最大长度为$2^{31}-1$个字节
特殊类型	sql_variant	一种存储SQL Server支持的各种数据类型值的数据类型
	table	存储查询处理后的结果集
	Timestamp	数据库范围的唯一数字，每次修改更新时也同步更新
	Uniqueidentifier	全局唯一标识（GUID）

2. 数据类型说明

（1）空值（NULL）。空值通常是未知、不可用或将在以后添加的数据。若某一字段允许为空值，则向数据表中输入记录值时，可不为该字段给出具体值；而若某一字段不允许为空值时，则在输入时，必须给出具体的值。空值和空格是不同的，空格是一个有效的字符。允许空值的字段需要更多的存储空间，并且可能产生其他的性能问题或存储问题。

（2）字符型。字符型数据类型主要用于存储由字母、数字和符号组成的字符串，又分为定长类型和变长类型。对于定长类型，可以用n来指定长字符串的长度，用char（n）表示。当输入的字符长小于分配的长度时，用空格填充；当输入的字符长大于分配的长度时，则自动截去多余的部分。允许空值的定长列可以内部转换成变长列。对于变长类型，可以用n来指定字符的最大长度，用varchar（n）表示。在变长列中的数据会被去掉尾部的空格；存储尺寸是输入数据的实际长度。变长变量和参数中的数据保留所有的空格，但并不填满指定的长度。

在通常情况下，char和varchar是最常用的字符串数据类型。它们的区别在于：当实际的字符串长度小于给定长度时，char类型会在实际的字符串尾部添加空格，以固定字符数，而varchar类型则会去掉尾部的空格以节省空间；由于varchar类型的长度是可变的结构，因此需要额外的开销来保存信息。在物理存储上，每一个字符占一个字节的空间。

（3）二进制型。二进制型数据是指由二进制组成的字符串，而不是由字符组成，该类型通常用于时间标记和image类型。对于二进制类型数据的存储来说，SQL Server 2005提供3种数据类型，分别为binary、varbinary和image。binary用于存储长度固定的二进制字符串；varbinary用于存储长度可变的二进制字符串；image用于存储容量大的二进制字符串（每行可达2GB）。binary型数据类似于字符型数据，当实际的字符串长度小于给定长度时，binary类型会在实际的字符串尾部添加0，而不是空格。

（4）整型和精确数值型。SQL Server 2005提供的整型和精确数值型有bit、int、smallint、tinyint和decimal、numeric。其中最常用的是int和numeric类型。

（5）浮点型。SQL Server 2005提供了float和real类型来表示浮点数据和实型数据。用户可以指定float类型的长度，当指定1～7之间的数值时，实际上相当于定义了一个real数据类型。

（6）日期型。SQL Server 2005可以用smalldatetime和datetime数据类型来存储日期数据和时间数据。smalldatetime类型的数据精度较低，包含的日期范围也较窄，但占用的空间小，它的取值范围是1900年1月1日至2079年6月6日，它的精度小于datetime类型。datetime类型数据的取值范围是1753年1月1日至9999年12月31日。在默认情况下，日期型数据的格式是按照"月/日/年"的顺序来设定的。

（7）统一字符（Unicode字符）串数据类型。SQL Server 2005提供3种Unicode字符串数据类型，分别为Nchar、Nvarchar和Ntext。在物理存储上，每一个统一字符占两个字节的空间。

（8）Sql_variant数据类型。Sql_variant可以存储任意类型的数据，但不能指明宽度。

4.2.2 创建数据表

数据表是相关联的行列数据集合，是数据库中最重要的对象，数据库中的全部数据都是物理存储在各个数据表中。创建数据表是在数据库中实现数据表的表结构定义，包括字段名、字段的数据类型、字段是否为空等。也就是说创建数据表的前提是先要手工绘制出数据表格。以创建数字出版内容管理实例数据库的"资源表"和"文章表"为例，两者的表结构分别如表4-2-2-1和表4-2-2-2所示。

表4-2-2-1 "资源表"的表结构

字段名	资源ID	资源类型	资源名称	资源内容	资源位置
数据类型	bigint	text	text	text	text
是否允许为空	否	否	是	是	是
约束	主键				

表4-2-2-2　"文章表"的表结构

字段名	文章ID	标题	作者	发布日期
数据类型	bigint	text	text	smalldatetime
是否允许为空	否	否	是	是
约束	主键			

与创建用户数据库一样，创建数据表也可以通过SSMS的图形界面操作和查询编辑器两种方法来实现。本章只介绍图形界面创建数据表的操作方法，查询编辑器方法将在第六章专题介绍。以创建资源表和文章表为例，使用SSMS图形界面操作方法的操作步骤如下：

（1）打开SSMS，展开对象资源管理器，找到并展开"szcbnrgl"数据库，展开"表"节点后的界面如图4-2-2-1所示。

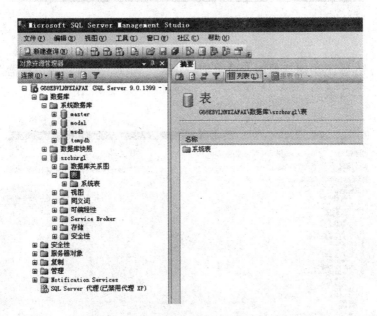

图4-2-2-1　创建数据表前的表节点界面

（2）选中左侧"表"节点，单击右键出现"新建表"弹出菜单，如图4-2-2-2所示。

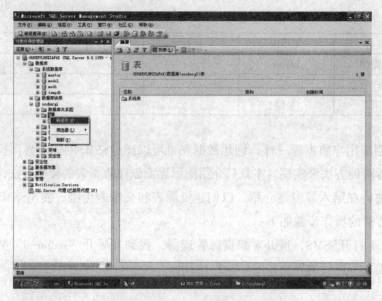

图4-2-2-2 "新建表"弹出菜单

（3）在弹出快捷菜单中，单击"新建表"选项，出现"表设计器"窗口，如图4-2-2-3所示。

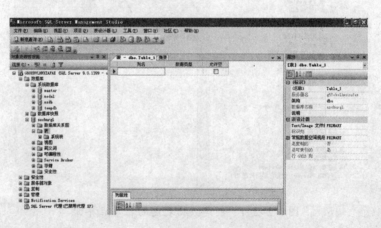

图4-2-2-3 "新建数据表"的表设计器界面

（4）按照表4-2-2-1"资源表"的表结构将列名、数据类型和允许为空等信息录入，其中允许为空栏打"√"表示允许，空着则表示不允许。录入信息后的表设计器界面如图4-2-2-4所示。

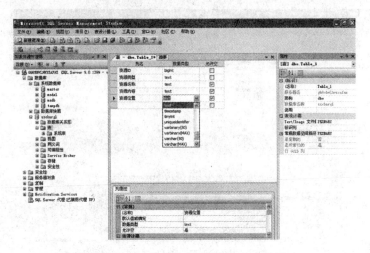

图4-2-2-4　"资源表"的表设计器界面

（5）单击"保存"按钮，在弹出的"选择名称"窗口中的"输入表名称"下的文本框中输入"资源表"，如图4-2-2-5所示。

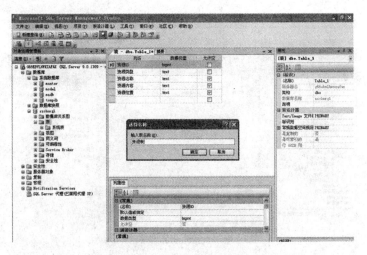

图4-2-2-5　"资源表"的表设计器保存界面

（6）在保存界面，单击"确定"按钮，保存成功后的界面如图4-2-2-6所示。从左侧的表节点可以看出，多了一个"dbo.资源表"节点。

图4-2-2-6　"资源表"保存成功的界面

（7）按照表4-2-2-2"文章表"的表结构，重复创建"资源表"的步骤，创建并保存成功的"文章表"界面如图4-2-2-7所示。

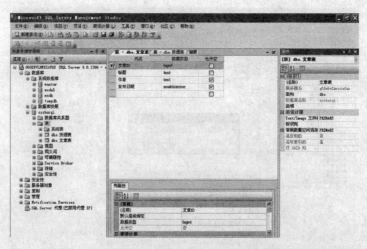

图4-2-2-7　"文章表"创建并保存成功的界面

4.2.3　修改数据表的结构

当数据库中的数据表创建好以后，在使用过程中，可以根据需要对原先定义的表结构进行修改。对表结构的修改包括增加字段、删除字段和修改已有字段的属性等。

1. 增加字段

在SQL Server 2005中，如果字段允许空值或者对字段创建默认约束，则可以将字段添加到现有数据表中。将新字段添加到数据表时，SQL Server 2005数据库引擎在数据表中的该字段自动插入一个数据值。如果新字段没有默认定义，则必须指定该字段允许空值，数据库引擎将空值插入该字段；如果新字段不允许空值，则返回错误。

在SSMS图形操作界面中，增加字段的方法是：① 启动SSMS，找到相应的数据库节点，选中要增加字段所在的表，并单击右键选择"修改"命令；② 在打开的表设计器窗口中，将鼠标置于最后的空行，输入字段名称、数据类型和允许空信息；③ 单击"保存"按钮，完成字段的添加工作。

2. 删除字段

在SSMS图形操作界面中，删除字段的方法是：① 启动SSMS，找到相应的数据库节点，选中要删除字段所在的表，并单击右键选择"修改"命令，在表设计器窗口中，选中要删除的字段行，并单击右键选择"删除列"命令，即可完成字段的删除工作；② 删除完成后，单击"保存"按钮保存数据表。

3. 修改字段的属性

修改字段的属性包括重新设置字段名称、数据类型、长度、是否允许为空以及设置或取消字段的主键约束等。在SSMS图形操作界面中，修改字段属性与设置字段属性的操作方法完全一样，在此不再赘述。

4.2.4 查看数据表信息

查看数据表信息包含查看数据库中数据表的表结构和表约束，具体说明如下：

1.查看数据库中的表结构

在SSMS图形操作界面中，查看表结构的方法是：① 启动SSMS，找到相应的数据库节点，并展开表节点，右边窗口会显示该数据库中所有的数据表；② 在列表中选择想要查看的数据表，单击右键选择"属性"命令，即可查看该表的详细信息。

2.查看表约束

在SSMS图形操作界面中，查看表属性的方法是：① 启动SSMS，找到相应的数据库节点，然后展开表节点，选择并展开想要查看的数据表；② 展开"约束"节点，可查看数据表的约束情况。

4.2.5 删除数据表

在SSMS图形界面操作中删除数据表很容易，只要选中欲删除的数据表，单击右键"删除"命令就可实现。

注意：

1）数据表的删除是永久性的，应当特别慎重，建议删除之前先对数据库进行备份，以备恢复之需。

2）如果一个数据表被其他数据表的外键约束所引用，则必须先删除设置外键的数据表或解除其外键约束，才能对该数据表进行删除操作。

4.2.6 数据完整性实施

数据完整性主要包含实体完整性、参照完整性、域完整性和用户定义完整性。在SQL Server 2005中通过约束设置来实现，常用的字段约束主要包含主键约束、唯一约束、外键约束和非空约束等，具体的概念与定义参见本教程的第1.3章节的部分内容。与创建数据表一样，约束设置也可以通过SSMS的图形界面操作和查询编辑器两种方法来实现。本章只介绍SSMS图形界面进行约束设置的操作方法，查询编辑器方法将在第六章专题介绍。字段的约束可以在SSMS中创建表结构的同时进行设置，也可以在表结构创建完成后单独添加或修改。

在SSMS中设置表的字段约束必须在"表设计器"中进行，可以使用工具栏的"主键"按钮、"索引/键"按钮、"关系"按钮和"约束"按钮，也可以单击右键，使用快捷菜单中的"设置主键"、"索引/键"、"关系"和"CHECK约束"命令，最终都要进入"属性"对话框进行设置。实际上单击工具栏上的"关系"按钮、"索引/键"按钮和"约束"按钮，或在单击右键的快捷菜单中选择"关系"、"索引/键"和"CHECK约束"命令也都是直接进入"属性"对话框中对应的选项卡。它们的作用归纳如下：

（1）"表"选项卡：用于在"选定的表"下拉列表中选择设置约束的数据表。

（2）"主键"按钮、"设置主键"命令：用于设置关键字段的主键约束。

（3）"索引/键"按钮、"索引/键"命令：都会打开"索引/键"选项卡，用于设置唯一约束。

（4）"关系"按钮、"关系"命令：都会打开"关系"选项卡，用于设置外键约束。

（5）"约束"按钮、"CHECK约束"命令：都会打开"CHECK约束"选项卡，用于设置检查约束。

例4.2.6.1：在SSMS中给"数字出版内容管理"实例数据库"资源表"中的"资源ID"设置主键约束。操作步骤如下：

（1）打开SSMS，展开对象资源管理器，找到并展开"szcbnrgl"数据库，展开"表"节点并选中"资源表"后的界面如图4-2-6-1所示。

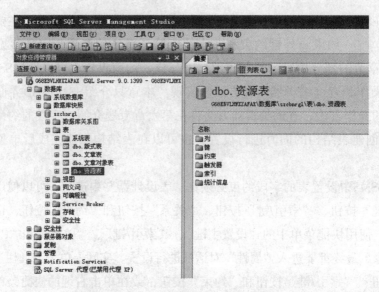

图4-2-6-1　"资源表"表节点界面

（2）单击右键出现"修改"弹出菜单，如图4-2-6-2所示。

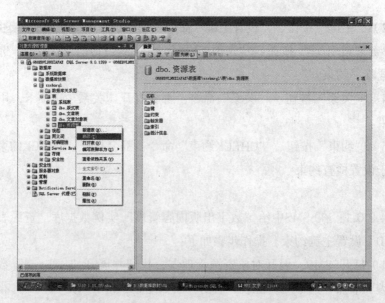

图4-2-6-2　数据表"修改"弹出菜单

（3）在弹出快捷菜单中，单击"修改"选项，出现"表设计器"窗口界面，如图4-2-6-3所示。

图4-2-6-3 "资源表"的表设计器界面

（4）选中"资源ID"字段，左边出现黑三角形后单击右键，出现"设置主键"弹出菜单，如图4-2-6-4所示。

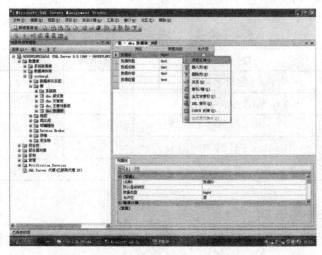

图4-2-6-4 "设置主键"弹出菜单

（5）单击"设置主键"后，"资源ID"字段所在行的黑三角形右侧出现一个钥匙图标，表示主键约束设置成功，如图4-2-6-5所示。

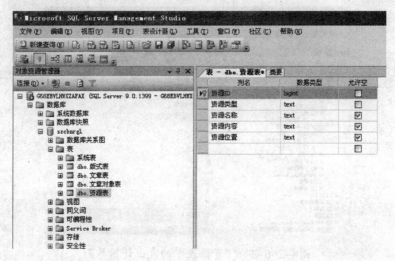

图4-2-6-5　"资源表"主键设置成功的界面

例 4.2.6.2：出版物销售管理数据库（数据库名称为：cbwxsgl）中"员工表"的表结构如表4-2-6-1所示，将"姓名"字段设置唯一约束。

表4-2-6-1　"员工表"的表结构

字段名	数据类型	字段长度	是否允许为空	约束
员工工号	Char（定长字符型）	5	否	主键
姓名	Varchar（变长字符型）	8	否	唯一
性别	Bit（位类型）		否	
出生日期	Datetime（日期/时间型）		否	
部门	Nvarchar（变长宽字符型）	5	否	

主要操作步骤如下：

（1）参照本教程第3.3章节创建用户数据库的操作步骤，成功创建"出版物销售管理（cbwxsgl）"数据库的界面如图4-2-6-6所示。

图4-2-6-6　SSMS下的"cbwxsgl"数据库界面

（2）参照本教程第4.2.2章节创建数据表的操作步骤，成功创建"员工表"的界面如图4-2-6-7所示。

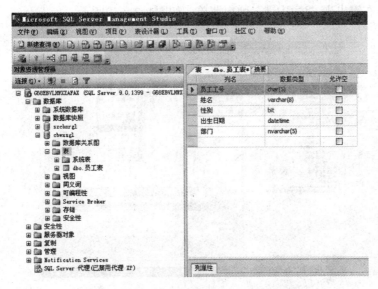

图4-2-6-7　SSMS下的"员工表"界面

（3）参照例4.2.6.1设置主键的操作步骤，将"员工工号"字段设置主键。
图4-2-6-8为"员工工号"主键设置成功的界面。

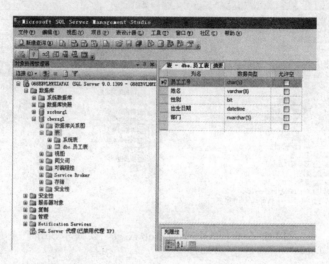

图4-2-6-8　"员工工号"主键设置成功的界面

（4）唯一键的设置在"索引/键"中，具体操作为：先选中"姓名"字段，
然后单击右键出现"索引/键"弹出菜单，如图4-2-6-9所示。

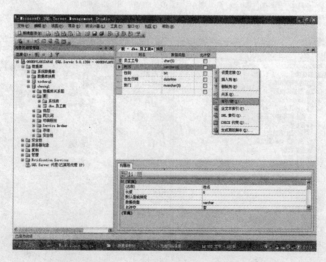

图4-2-6-9　"索引/键"弹出菜单

（5）单击"索引/键"后，出现"索引/键"窗口，如图4-2-6-10所示。

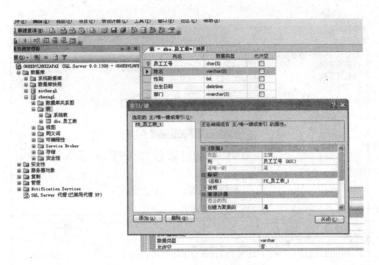

图4-2-6-10　"索引/键"窗口

（6）在"索引/键"窗口，单击"添加"按钮，如图4-2-6-11所示，出现了
"IX_员工表*"。

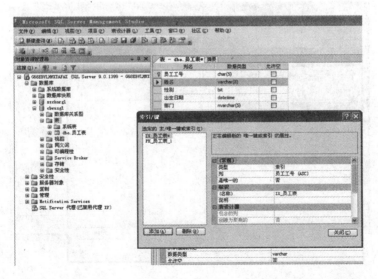

图4-2-6-11　单击"索引/键"窗口的"添加"按钮后效果图

（7）单击"常规"节点下的"列"，如图4-2-6-12所示，出现了"…"按钮。

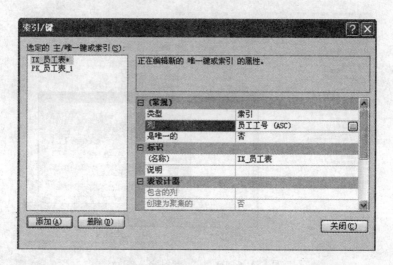

图4-2-6-12　单击"索引/键"窗口的"列"后的效果图

（8）单击"…"按钮，如图4-2-6-13所示，出现了"索引列"窗口。

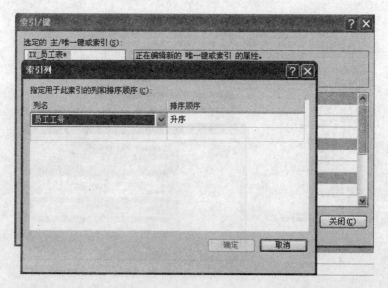

图4-2-6-13　单击"索引/键"窗口的"…"按钮后的效果图

（9）在"索引列"窗口，单击"列名"下的下拉列表，如图4-2-6-14所示。

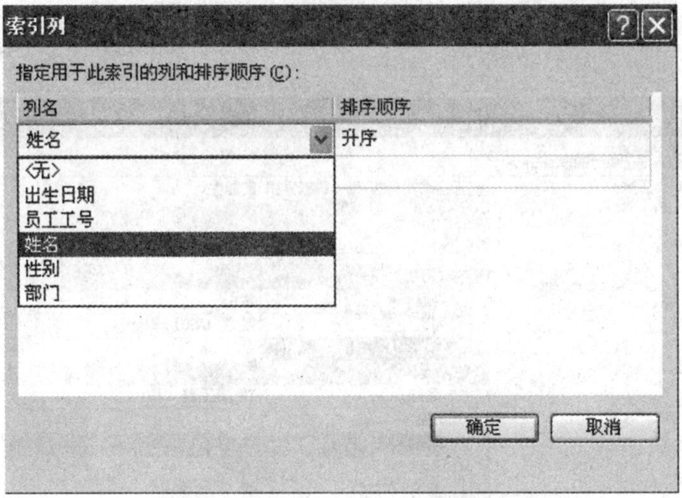

图4-2-6-14　单击"索引列"窗口的"列名"下拉列表效果图

（10）单击"姓名"，如图4-2-6-15所示。

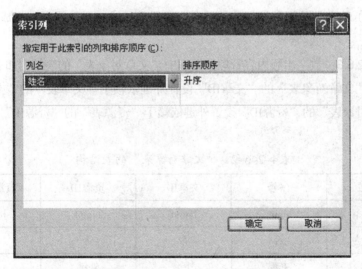

图4-2-6-15　选中"姓名"后的效果图

（11）单击"确定"按钮后，"索引"下的内容由"员工工号（ASC）"变为"姓名（ASC）"，从"是唯一的"后面的下拉列表中选择"是"，如图4-2-6-16所示。

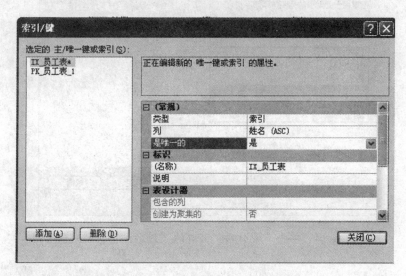

图4-2-6-16　选中是"唯一的"后面的下拉列表中的"是"效果图

（12）单击"关闭"按钮，"姓名"字段的"唯一键"设置就完成了。

例4.2.6.3：数字出版内容管理数据库中"文章对象表"的表结构如表4-2-6-2所示。将"文章对象表"的"文章ID"设置外键依赖于"文章表"的"文章ID"；将"文章对象表"的"资源ID"设置外键依赖于"资源表"的"资源ID"。

表4-2-6-2　"文章对象表"的表结构

字段名	序号	文章ID	资源ID	资源顺序
数据类型	bigint	bigint	bigint	bigint
是否允许为空	否	否	否	否
约束	主键	外键	外键	

主要操作步骤如下：

（1）打开"数字出版内容管理（szcbnrgl）"数据库，参照本教程第4.2.2章节创建数据表的操作步骤，创建"文章对象表"；然后参照例4.2.6.1设置主键的操作步骤，将"序号"字段设置主键。图4-2-6-17为创建并且主键设置成功的界面。

图4-2-6-17　SSMS下的"文章对象表"界面

（2）在"文章对象表"表设计器窗口，单击右键出现"关系"弹出菜单，如图4-2-6-18所示。

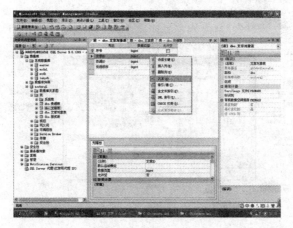

图4-2-6-18　"关系"弹出菜单

（3）单击"关系"后，出现"外键关系"窗口，如图4-2-6-19所示。

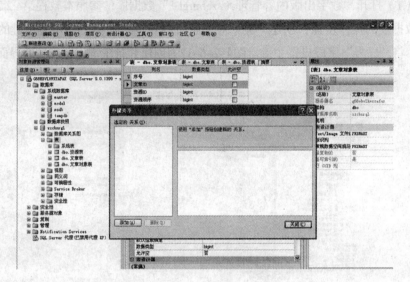

图4-2-6-19 "外键关系"窗口

（4）在"外键关系"窗口，单击"添加"按钮，如图4-2-6-20所示，出现"FK_文章对象表_文章对象表*"。

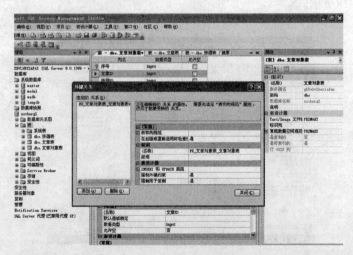

图4-2-6-20 单击"外键关系"窗口的"添加"按钮后效果图

（5）在"外键关系"窗口，单击"表和列规范"，会出现"…"按钮，如图4-2-6-21所示。

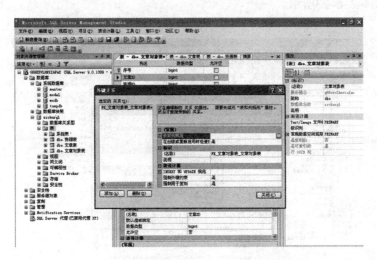

图4-2-6-21　单击"外键关系"窗口的"表和列规范"后的效果图

（6）单击"…"按钮，如图4-2-6-22所示，出现了"表和列"窗口后，将"主键表"选择"文章表"，下面的字段选择"文章ID"，确认"外键表"为"文章对象表"，下面的字段选择"文章ID"。

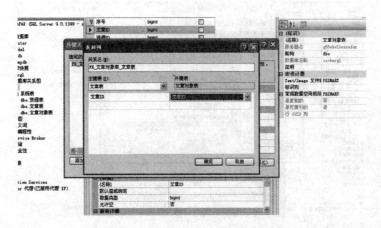

图4-2-6-22　选择"主键表"和"外键表"相应字段后的效果图

（7）单击"确定"按钮后，可以看到"外键关系"窗口中"选定的关系"
下的内容由"FK_文章对象表_文章对象表*"变为"FK_文章对象表_文章表*"，
效果如图4-2-6-23所示。

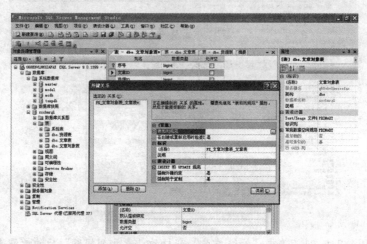

图4-2-6-23　单击"表和列"窗口的"确定"按钮后的效果图

（8）在"外键关系"窗口，展开"表和列规范"节点，可以看到"外键"
设置成功的效果，如图4-2-6-24所示。

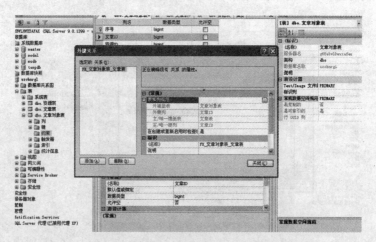

图4-2-6-24　"文章ID"外键设置成功的效果图

（9）单击"关闭"按钮，"文章ID"字段的"外键"设置就完成了。

（10）参照设置"文章ID"字段的"外键"步骤，设置"资源ID"字段的外键效果如图4-2-6-25所示。

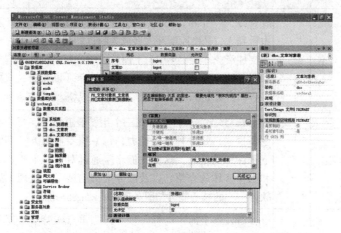

图4-2-6-25　"资源ID"外键设置成功的效果图

4.2.7　维护表中的数据

在数据库中，创建数据表的目的是通过表来存储和管理数据，更新存储在数据表中的数据，以确保数据库中的数据永远是最新的，便于反映实际需求的变化。因此，数据表中的数据需要进行持续性的维护。

1. 向数据表中输入数据

新创建的数据表只是创建完成了表的结构（框架），表中没有任何记录（数据），必须将数据添加到数据表中，才有实际的意义。与创建数据表一样，向数据表中添加数据也可以通过SSMS的图形界面操作和查询编辑器两种方法来实现。本章只介绍SSMS图形界面进行输入数据的操作方法，查询编辑器方法将在第六章专题介绍。

例4.2.7.1： 数字出版内容管理数据库中"资源表"的表数据如表4-2-7-1所示，将相应的数据输入到"资源表"中。

表4-2-7-1 "资源表"的表数据

字段名	资源ID	资源类型	资源名称	资源内容	资源位置
模拟数据	1	文本		`<p><nzz5>`三十年，我们一路走来，见证了上海软件产业由微到大，从刚刚萌芽发展成为超过2000亿元的国民经济支柱产业。三十年中，上海软件中心坚持创新的理念和服务的定位，工作内容随着产业发展不断丰富，兼顾科研项目与专业服务，取得了可喜的成绩。`</nzz5></p>`	
	2	文本		`<p><nzz5>`上海软件中心在三十年发展道路上，每一次创新探索，每一种核心能力，每一项专业服务，都留下了深深的足迹。这里我们希望通过对中心主要业务和工作实体的介绍，以及服务案例的展示，呈现上海软件中心的核心能力与服务风采。`</nzz5></p>`	
	3	文本		`</p><nzz5>`上海市计算机软件评测重点实验室（简称SSTL，www.sstl.org.cn）由上海市科委批准成立于1997年，是全国最早开展软件评测服务的第三方专业机构之一，隶属于上海软件中心。`</nzz5></p>`	
	4	文本		`<p><nzz5>`上海市计算机软件评测重点实验室专业从事计算机软件工程、软件质量、软件测试与评估、网络监测与监控技术的研究，为组织信息化提供合理化评估与性能调优服务，为信息系统建设提供全程质量保障与外包、信息系统安全等级测评服务，为软件系统的质量保证提供软件测试等专业服务。`</nzz5></p>`	
	5	文本		`<p><nzz5>`SSTL已建立了一支具备职业精神、技术领先的专业团队，现有技术人员50余名，其中全国信息技术标准化技术委员会委员1人，上海市青联委员1人，上海市软件行业标兵2人，上海市启明星计划1人，上海市优秀技术带头人1人，闵行区领军人才2人，博士5人，硕士10人，本科及以上学历达到90%，50%具有中高级职称。拥有国际领先的软硬件测试、监控、分析平台，种类齐全的调优分析、性能测试、网络测试、测试管理等多种测试工具，总价值超过人民币5 000万元。`</nzz5></p>`	

（续表）

				C:\IMAGE\image1.jpg
模拟数据	6	图片	无	C:\IMAGE\image1.jpg
	7	文本	无	</p><nzz5>SSTL累积承担国家及上海市科研项目30多项，项目总经费超过5000万元，如国家863项目"面向集成电路的IP资源验证和组织技术研究及系统开发"、"软件开发支撑环境及其关键技术研究"、国家火炬中心项目"面向领域的软件产品测评基准库建设与应用"等。通过这些科研项目的研究，建成了国内领先的软件测试用例库、软件测试基准库，为促进我国软件测试行业展起到了积极作用。荣获上海市科学技术进步奖2项，上海市优秀工程咨询成果奖1项。</nzz5></p>

主要操作步骤如下：

（1）启动SSMS，展开对象资源管理器，找到并展开"szcbnrgl"数据库，展开"表"节点并选中"资源表"后的界面如图4-2-7-1所示。

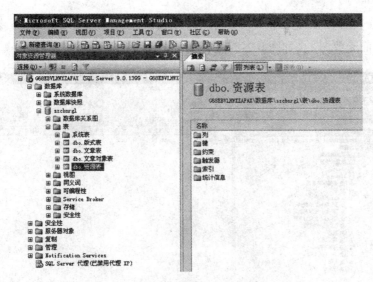

图4-2-7-1 "资源表"表节点界面

（2）单击右键出现"打开表"弹出菜单，如图4-2-7-2所示。

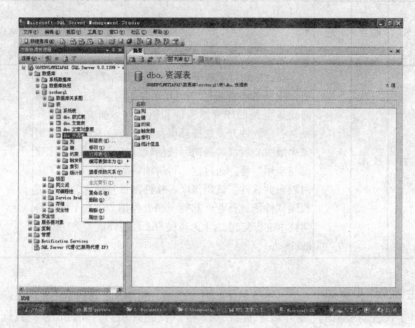

图4-2-7-2　数据表"打开表"弹出菜单

（3）在弹出快捷菜单中，单击"打开表"选项，出现"资源表"数据窗口
界面（里面无数据），如图4-2-7-3所示。

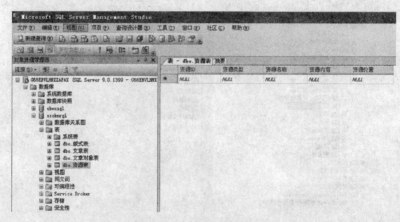

图4-2-7-3　"资源表"的数据窗口界面

（4）在"资源表"数据窗口界面，将表4-2-7-1的"资源表"数据中每一条记录的数据输入或拷贝到相应的字段内，数据输入完后的界面如图4-2-7-4所示。

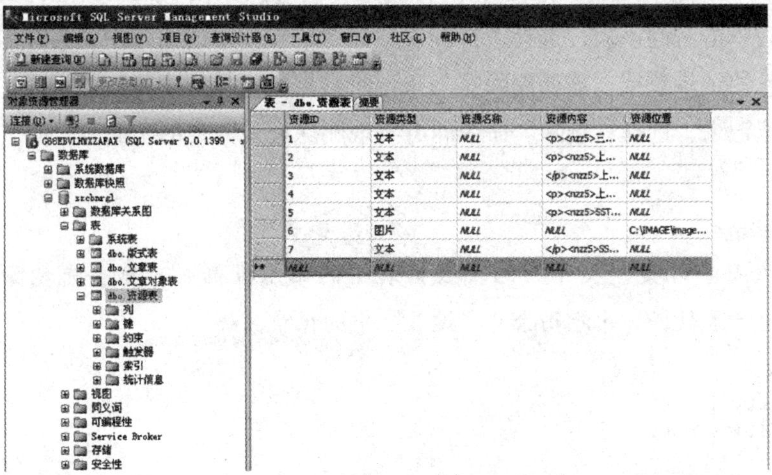

图4-2-7-4　"资源表"输入数据后的界面

2. 修改更新数据表中的数据

数据表中的数据经常需要修改更新，例如有些字段的信息发生了变化则需要修改。与输入数据一样，修改更新数据表中的数据表也可以通过SSMS的图形界面操作和查询编辑器两种方法来实现。本章只介绍SSMS图形界面进行修改更新数据的操作方法，查询编辑器方法将在第六章专题介绍。

使用SSMS图形界面修改更新数据，首先展开所有的数据表列表，选择要操作的表，然后右键单击该表，选择"打开表"命令，在弹出的窗口中，可以看到全部已经输入的记录数据。需要修改哪一条记录数据就直接在相应的记录中修改，如果是增加一条记录，就按照"向数据表中输入数据"的方法增加。

3. 删除数据表中的数据

随着数据的使用和修改，数据表中可能存在一些无用的数据，不仅占用空间，还会影响修改或查询数据的效率，应及时将它们删除。与输入数据一样，删除数据表中的数据表也可以通过SSMS的图形界面操作和查询编辑器两种方法来实现。本章只介绍SSMS图形界面进行删除数据的操作方法，查询编辑器方法将在第六章专题介绍。

使用SSMS图形界面删除数据，首先展开所有的数据表列表，选择要操作的表，然后单击右键该表，选择"打开表"命令，在弹出的窗口中，可以看到全部已经输入的记录数据。需要删除哪一条记录数据就直接选中相应的记录，然后单击右键该记录，选择"删除"命令即可实现删除记录数据的功能。

注意：

删除有"外键"关系的两个数据表中的记录数据时，需要先删除"外键表"中的记录数据，才能删除"主键表"中的记录数据。

4.3 实训

（1）理解并掌握SQL Server的数据类型。

（2）理解数据表的结构，掌握用SSMS图形操作界面创建、修改和删除数据表的方法。

（3）理解并掌握各种约束的意义和设置方法。

（4）按照本章数据表的创建方法，将"附录一"在本章示例中没有创建的数据表，都进行创建，并输入相应的数据。

（5）按照本章数据表的创建方法，进行"附录二"的数据表创建，输入相应的数据，并尝试数据表的修改和删除操作。

4.4 习题

1. 填空题

（1）在SQL Server 2005中，从用户角度分类，数据表可以分为_____数据表、_____数据表和临时数据表。

（2）SQL Server 2005提供的系统数据类型有：_____、货币型、日期/时间型、_____、_____、_____、和特殊类型。

（3）数据表是相关联的行列数据集合，数据库中的全部数据都是物理存储在各个数据表中。创建数据表是在数据库中实现数据表的表结构定义，包括_____、_____和字段是否为空等。

（4）在SSMS图形界面操作中，创建数据表，首先选中"表"节点，然后在单击右键后，在弹出的快捷菜单中选择_____命令可创建数据表。

2. 判断题（正确的写"T"、错误的写"F"）

（1）在SSMS中设立了外键依赖关系的两个数据表，数据输入没有先后顺序，可以先输入外键表的数据，然后再输入主键表（基表）的数据。

（2）如果一个数据表被其他数据表的外键约束所引用，则必须先删除设置外键的数据表或解除其外键约束，才能对该数据表进行删除操作。

（3）删除有"外键"关系的两个数据表中的记录数据时，首先需要删除"外键表"中的记录数据，然后才能删除"主键表"中的记录数据。

3. 简答题

（1）在物理存储上，字符型和统一字符型有什么区别？

（2）已知数据表的表结构和模拟数据，在SSMS图形界面中实现数据表的功能，按顺序简述包含哪些步骤及每个步骤包含的操作内容或注意事项。

4. 论述题

（1）自行设计一个数字出版物管理系统的关系数据库，数据库名称为：姓名_学号_数字出版物管理系统；要求至少包含3个数据表，每个数据表至少包含三个字段，每个数据表的表数据至少包含两条记录。根据每个数据表实际应用的合理性设置主键约束、唯一约束和外键约束，至少要设置一个外键约束。

（2）根据上述要求，以表格形式列出表结构［包含数据表名、字段名、数据类型（长度）、约束情况］，并对外键约束进行说明。

（3）根据表结构，以表格形式列出每个表的模拟数据（含表名、字段名、记录1的数据值、记录2的数据值）。

（4）列出并简单说明在SSMS中实现上述设计的步骤。

第五章　视图与索引应用

内容摘要

视图是关系数据库管理系统SQL Server 2005为用户提供多种模式查看数据的一种方式，视图从安全的角度保护了数据库中的数据。视图中的数据来自临时虚拟表，而不是实际存在的数据表。视图是用来查看数据的窗口而已，是从一个或几个表导出来的表。如果视图关闭，呈现的数据内容就会消失。

索引是以表的列为基础的数据对象，它保存着表中排序的索引列，并且记录了索引列在数据表中的物理存储位置，它实现了表中数据的逻辑排序。数据库中的索引与书籍中的目录类似，在一本书中，利用索引可以加快查找到所需信息的速度。一般来说，如果数据量不是太大，不需要创建索引，因为索引本身也是一种数据，系统为了维护索引，是需要开销的。

学习目标

- 理解视图的概念
- 理解索引的概念
- 掌握使用SSMS创建视图的用法
- 掌握使用SSMS修改视图的方法
- 理解索引的概念
- 掌握使用SSMS创建索引的方法
- 掌握如何使用SSMS查看索引
- 掌握如何使用SSMS删除索引

5.1　视图的概述

视图（View）作为一种数据库对象，为用户提供了一个可以检索数据表中数据的方式。用户通过视图查看数据表中需要的部分或全部数据，而数据的物理存储位置仍然在数据表中。

视图与数据表类似，也是由一组命名的列和数据行组成，其内容是一个T–SQL查询结果。视图并不是以一组数据形式存储在数据库中，数据库中只存储视图的定义，而不存储视图中的数据，视图中的数据仍存储在基本数据表中。视图实质上是一个虚拟表，并不是实际存在的数据表。当基本表中的数据改变时，从视图中查询出来的数据也随之变化。视图和数据表相比主要优势如下：

（1）提高数据安全性：对不同级别的用户定义不同的视图，各用户只能看到与自己有关的数据，从而提高数据安全性。

（2）图形化管理，简化查询操作：为复杂的查询建立一个视图，用户不必输入复杂的查询语句，只需针对此视图做简单的查询即可。

（3）实现数据共享：根据用户不同的需求定义不同的视图，该视图脱离了数据库所要求的物理数据结构，就像单独的数据表，每个用户可以重复使用该物理数据结构，视图只存储定义，不增加数据的物理存储空间，实现了真正意义上的数据共享，大大提高了数据库的使用功能和范围。同时，使用视图可以重新组织数据与其他应用程序结合，可以将多个物理数据库抽象为一个虚拟的数据库。

5.2　视图的创建

视图在数据库中是作为一个对象来存储的。在用户创建视图创建之前，必须得到数据库所有者授予的创建视图的权限，同时，用户还必须对创建视图时所引用的数据表有操作权限。

在SQL Server 2005中，可以在SSMS创建视图，也可以使用T–SQL语句创建（在第六章详细介绍）。视图创建需要遵循以下规则：

（1）视图的命名必须遵循标识符规则，对每一个用户都是唯一的。每个用户所定义的视图名称必须唯一，且不能和数据表同名。

（2）一个视图最多只能引用1024个字段。

（3）不能在视图中创建任何索引。

（4）不能把规则、默认值或者触发器定义在视图上。

（5）如果与视图相关联的表或视图被删除，则该视图也将不能再使用。

5.2.1 使用SSMS创建和使用视图

1. 创建视图

例5.2.1.1：使用SSMS创建全部版式–文章信息表视图，具体操作步骤如下：

（1）打开SSMS，展开数据库szcbnrgl。

（2）单击右键"视图"选择"新建视图"，打开如图5-2-1-1的"添加表对话框"，从中选择所需的表、视图或者函数，这里我们选择"版式表"和"文章表"，单击"添加"即可。

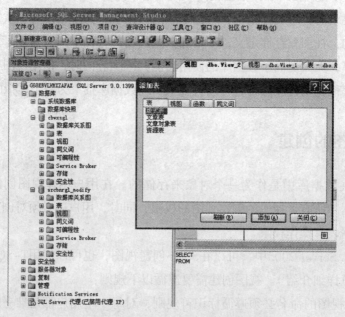

图5-2-1-1 创建视图及添加表对话框

（3）创建视图窗口中出现"版式表"和"文章表"。同时，可以选择创建视图所需的字段、指定别名、排序类型、排序方式和筛选引用表记录的准则条件，如图5-2-1-2所示。

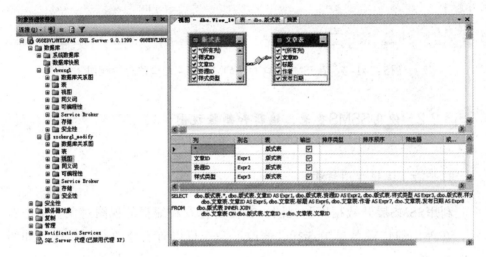

图5-2-1-2　版式-文章信息视图设置

（4）创建完成后，单击"保存"按钮，出现保存对话框，输入视图名称，单击"确定"按钮，便完成视图的创建。

注意：

当视图同时引用多个表的同名字段或者计算列时，必须在"别名"窗口中指定别名，不能有相同字段名称。

2. 使用视图

在SSMS中展开数据库"视图"对象列表，在"版式-文章信息"视图上单击右键，在弹出的快键菜单中选择"打开视图"，即可看到视图中的数据内容。同时，在打开的视图中可直接对数据进行编辑和修改，如图5-2-1-3所示。

样式ID	资源ID	样式类型	样式标识	文章ID	标题	作者	发布日期
1	NULL	标题	nb1	1	核心能力与服...	NULL	NULL
2	1	正文	nzz5	1	核心能力与服...	NULL	NULL
3	2	正文	nzz5	1	核心能力与服...	NULL	NULL
4	NULL	标题	nb1	2	上海市计算机...	NULL	NULL
5	3	正文	nzz5	2	上海市计算机...	NULL	NULL
6	4	正文	nzz5	2	上海市计算机...	NULL	NULL
7	5	正文	nzz5	2	上海市计算机...	NULL	NULL
8	7	正文	nzz5	2	上海市计算机...	NULL	NULL
*	NULL	NULL	NULL	NULL	NULL	NULL	NULL

图5-2-1-3　在SSMS窗口打开的"版式-文章信息"视图

5.2.2　使用SSMS查看、编辑和删除视图

1.查看、编辑视图结构

利用SSMS展开数据库和视图，在需要查看和编辑的视图对象上单击右键，在弹出的快键菜单中选择"修改"命令可以查看修改视图结构，如图5-2-2-1所示。

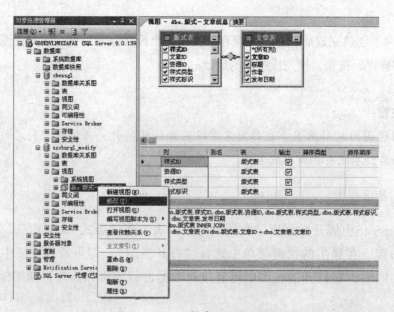

图5-2-2-1　查看和编辑视图

2. 删除视图

利用SSMS展开数据库和视图，在需要删除的视图对象上单击右键，在弹出的快键菜单中选择"删除"命令可以删除该视图。

5.3　索引

5.3.1　索引概述

前面章节，我们已经介绍了数据表的相关概念，并知道了表是存储数据的结构。表中的数据没有特定的顺序，称为堆。如果要从一张表中查找相关数据，就需要扫描整个数据表。就像一本没有目录的书，查找需要的数据必须从头开始查，这样会费时费力。

索引是一个在表或者视图上创建的对象，当用户查询索引字段时，可以加快数据查找速度。索引如同书的目录，书的内容类似于表的数据，书中的目录通过页码指向书的内容，索引提供指针指向存储在数据表中的数据。通过索引进行查询操作就无需扫描表中的所有数据。下面举例说明如何利用索引来提高数据的检索速度，如表5-3-1-1所示。

表5-3-1-1　出版物一览表

出版物ISBN号	出版物名称	著作者	规格	单位
9787302175872	SQL基础教程与实验指导	郝安林	16开	本
9787309050325	社会共生论	胡守钧	32开	本
9787507740813	王选传	丛中笑	32开	套
9787302242260	虚拟现实技术及应用	张菁	16开	本

在数据表中查找出版物ISBN号为9787507740813的书籍，如果没有索引的情况下，必须进行全表格的扫描。显然，这种查找数据的方法效率低。如果通过索引来检索数据，查询数据的效率将大大提高。在表5-3-1-1中，基于出版物ISBN号建立索引，查询过程就会按照"出版物ISBN号"顺序来建立索引表，如

表5-3-1-2所示，根据表中的指针地址，可以以较快的速度找到相应的记录，这样大大提高了数据的检索效率。

表5-3-1-2　索引号排序表

索引号	指针地址
9787302175872	1
9787302242260	4
9787309050325	2
9787507740813	3

该实例中的索引是基于"出版物ISBN号"字段建立的索引，称为索引字段。索引字段可以是表中的一个字段，相应的索引称为单一索引；也可以是多个字段组合而成，该索引称为复合索引。如果索引的值要求必须唯一，不能出现重复数据，如表5-3-1-2中的索引号，这种索引称为唯一索引；如果该索引设置为允许重复值，则称为非唯一索引。

1. 索引的用途

索引是以表列为基础的数据对象，它保存着表中排序的索引列，并且记录了索引列的数据表中的物理存储位置，实现了表中数据的逻辑排序，其主要目的是提高SQL Server 2005系统的性能，加快数据的查询速度和减少系统的响应时间。索引和目录类似，如果想快速查找指定的内容，可以通过目录中章节的页号找到其对应的内容。类似地，索引通过记录表中关键值指向表中的记录，这样数据库引擎就不用扫描整个表而定位到相关的记录。相反，如果没有索引，则会导致扫描SQL Server 2005搜索表中的所有记录，以获取匹配结果。

索引除了可以提高查询表内数据的速度外，还可以使表和表之间的连接速度加快。例如，在实现引用完整性时，可以将表的外键制作成索引，这样将加速表与表之间的关联。

2. 使用索引的代价

虽然索引具有如此多的优点，但索引的存在也让系统付出了一定的代价。创建索引和维护索引都会消耗时间，当对表中的数据进行增加、删除和修改操作时，索引就要进行维护，否则索引的作用就会下降。另外，每个索引都会占用一定的物理空间，如果占用的物理空间过多就会影响数据库的性能。

3. 创建索引的原则

创建索引虽然可以提高查询速度，但是它需要牺牲一定的系统性能。因此，在创建时，哪些列适合创建索引，哪些列不适合创建索引，需要遵循以下几个原则：

（1）定义有主键的数据列一定要建立索引。

（2）定义有外键的数据列一定要建立索引。外键确定表与表之间的关系，在其上创建索引可以加快表之间的连接。

（3）对于经常查询的数据列最好建立索引。对于需要在指定范围内快速或频繁查询的数据列，因为索引已经排序，其指定的范围是连续的，查询可以利用索引的排序，加快查询时间。经常用在Where语句中的数据列，将索引建立在Where子句的集合过程中，对于需要加速或频繁检索的数据列，可以让这些经常参与查询的数据列按照索引的排序进行查询，加快查询时间。

（4）对于那些很少设计的列、重复值比较多的列不要建立索引。在查询中很少使用的列，有无索引并不能提高查询速度，反而增加了系统维护时间和消耗了系统空间。例如，"性别"列中的值只有"男"和"女"，增加索引并不能显著提高查询速度。

（5）对于定义为"text"、"Image"和"Bit"的数据类型不要建立索引。因为这些数据类型的数据列的数据量要么太大，要么太小，不利于使用索引。

5.3.2 **索引的分类**

在SQL Server 2005中，按照存储结构的不同将索引分为两类：聚集索引

（Clustered Index）和非聚集索引（Non-Clustered Index）。

1. 聚集索引

聚集索引的主要特点是索引的顺序与数据表中记录的物理顺序相同。例如，字典中的拼音查找法目录就是聚集索引，因为它的顺序和字典中内容的顺序相同。在SQL Server 2005中，每个数据表只能有一个聚集索引。

当对一个表定义主键时，聚集索引将自动、隐式地被创建。聚集索引一般在具有唯一值的字段上创建，特别是主键。

聚集索引确定了表中记录的物理顺序，它适用于使用频率比较高的查询、唯一性查询和范围查询等。从SQL语句的角度看，这些查询主要包括：① 使用Between、比较运算符等查询；② 使用Join子句的查询；③ 使用Group By子句的查询；④ 返回大结果集的查询。

在创建聚集索引时，应考虑在以下列上创建：① 字段值唯一的列（特别是标识列），或绝大部分字段都不重复的列（如90%字段值都不重复的列）。② 按顺序被访问的列（Order By子句后的列）。③ 在结果集中经常被查询的列。

尽量避免在以下列上创建聚集索引：① 更新频繁的列。因为在数据更新时，为保持与聚集索引的一致性必须移动表中的记录。对数据量大的数据表而言这种过程是耗时的，因而不可取。② 宽度比较长的列。因为非聚集索引的键值都包含聚集索引的键，这会导致所有非聚集索引的"膨胀"，增加非聚集索引的长度，降低查询效率。

2. 非聚集索引

非聚集索引的索引顺序与表中记录的物理顺序可以不同，即非聚集索引不会改变表中记录的物理顺序，相当于字典中的部首查找法。一个数据表可以拥有一个或多个非聚集索引。

非聚集索引可以是多个但不是越多越好，一般在创建时应从下面几个方面考虑：① 对数据量大、更新操作少的表，特别是专门用于查询的数据表，创建非聚集索引。② 不宜对更新操作频繁的数据表创建非聚集索引，否则会降低性能。③ 在创建非聚集索引时，尽量避免涉及多列的索引，即涉及的列越少越好。

在创建非聚集索引时，应考虑在以下列上创建：① 考虑在对包含大量不重复值的字段上创建非聚集索引；② 在给予列的查询不返回大结果集，对此列考虑创建非聚集索引；③ 对于Where语句中精确匹配查询的列。

3. 唯一索引

唯一索引并不是对于索引存储类别的分类，它是索引的一种，表示该列的值唯一，它既可以是聚集索引也可以是非聚集索引。在创建主键时，将会自动创建唯一聚集索引。

5.3.3 索引操作

1. 使用SSMS创建索引

启动SSMS，在对象资源管理器中，找到要创建索引的表，点开该节点，找到索引子节点。单击右键"索引"节点并在弹出的菜单中选择"新建索引"命令，打开"新建索引"对话框，如图5-3-3-1所示。在图5-3-3-1中输入要创建的索引名称，再选择用于创建索引的列，并设置索引的各种选项，单击"确定"按钮完成索引的创建，如图5-3-3-2所示。

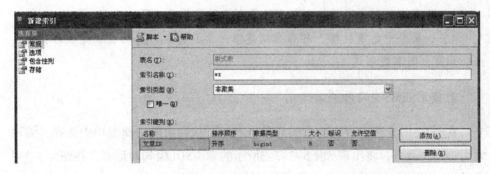

图5-3-3-1 创建索引

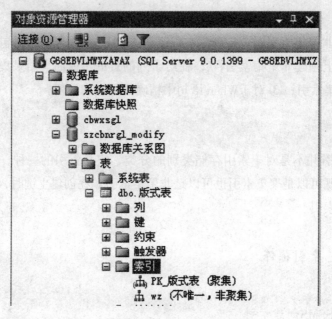

图5-3-3-2 默认和创建完成的索引

注意：

1）唯一索引既可以是聚集，也可以是非聚集索引结构，如果不指明聚集选项，那么默认采用非聚集索引结构。

2）建立唯一索引的表在执行Insert语句或Update语句时，将自动检验新的数据中是否存在重复值。如果存在，则返回错误提示信息。

3）具有组合列，不同组合顺序的复合索引彼此是不同的。

4）如果表中已有数据，那么在创建唯一索引时，将自动检验是否存在重复值。如有，则不能创建。

2. 使用SSMS查看和修改索引

在SSMS中，选中建好的索引后单击右键，从弹出的快捷菜单中选择"编写索引脚本"命令，将出现如图5-3-3-3所示的索引SQL语句对话框。在图5-3-3-3所示的对话框中，可以查看和修改索引的设置。

图5-3-3-3　SQL中的索引

2. 使用SSMS删除索引

在SSMS中，选择要删除的索引，然后单击右键，在弹出的快捷菜单中选择"删除"命令即可删除该索引。

5.4　实训

（1）使用SSMS创建例5.2.1.1的全部版式-文章信息表视图。

（2）使用SSMS对版式-文章信息表视图进行查看和编辑。

（3）使用SSMS对版式-文章信息表视图进行删除操作。

（4）在"文章对象表"的"文章ID"、"资源ID"列上建立一个非聚集、非唯一索引。

（5）在"文章对象表"中添加多条数据，数据越多，效果越明显，然后查询表中的一条数据，记录查询的时间，再删除第（4）题中创建的索引，比较两次查询的时间。

5.5　习题

1. 填空题

（1）视图是由_____构成，而不是由_____构成的。视图中的数据存储在_____中。对视图更新操作时实际操作的是_____中的数据。

（2）视图的命名必须遵循_____规则，对每一个用户都是唯一的。每个用户所定义的视图名称必须_____，且不能和数据表同名。

（3）在SQL Server 2005的数据库中按照存储结构的不同将索引分为两类：_____和_____。

（4）_____索引总要对数据进行排序。

2. 简答题

（1）请简单描述索引的作用。

（2）聚集索引和非聚集索引有什么不同？

（3）列举不适合使用索引的情况。

（4）简述创建聚集索引时，应注意哪些问题？

第六章 Transact-SQL及其应用

📎 内容摘要

    Transact-SQL语言是Microsoft 公司对结构化查询语言（SQL）的实现和扩展，简称T-SQL。它是一种交互式查询语言，具有功能强大、简单易学的特点。Transact-SQL语言既允许用户直接查询存储在数据库中的数据，也可以把语句嵌入到高级程序设计语言中使用，有自己的数据类型、表达式、关键字等，但语言要比其他高级语言简单很多。本章重点介绍使用T-SQL语句对数据库、表、视图和索引等进行操作的方法。

📎 学习目标

- 了解什么是SQL
- 掌握SQL语言基础
- 能使用SQL语句对数据库进行操作，包括创建、修改、删除
- 能使用SQL语句对表进行相关操作，包括创建表结构、插入数据、修改表结构、查看表的相关信息等
- 能使用SQL语句对表进行查询操作，并能对查询结果进行简单排序、分组和汇总操作

6.1 T-SQL概述

    SQL是结构化查询语言的缩写（Structure Query Language），1986年美国国家标准局（ANSI）首先颁布了SQL语言的美国标准，1987年国际标准组织（ISO）也把这个标准纳入国际标准，经修订后，1989年4月颁布了增强完整性特征的

SQL89版本，1992年再次修订后颁布了SQL92版本，也是我们今天所说的SQL标准。SQL可简单理解为：① SQL 指结构化查询语言；② SQL使我们有能力访问数据库；③ SQL 是一种 ANSI 的标准计算机语言。

随着数据库技术的发展，很多数据库公司把SQL语言作为自己数据库的基础语言，并对其扩展和补充。Transact-SQL语言就是Microsoft 公司对SQL标准的一个实现，同时又对其进行了扩展。

1. T-SQL的主要特点

Transact-SQL语言已经成为SQL Server 2005的核心，通过Transact-SQL语言可以完成几乎所有的SQL Server数据库操作。总地来说，SQL Server 2005中Transact-SQL语言具有以下特点：

（1）一体化，集数据定义语言、数据操纵语言、数据控制语言为一体。

（2）有两种使用方式，即交互使用方式和在高级程序设计语言中使用的方式。

（3）统一性。Transact-SQL是一种所有用户都可以使用的语言，这些用户包括系统管理员、数据库管理员、程序开发人员、应用程序员及其他许多的用户。以前的数据库管理系统为上述各类操作提供单独的语言，而Transact-SQL将全部任务统一在一种语言中。

（4）非过程化。它是一种非过程化的交互式语言，对数据的处理是以集合为单位的，即每次处理一个记录集而不是单个记录，即只需要知道"干什么"，不需知道"怎么干"。

（5）语言简洁。SQL语言更加接近人类自然语言，结构简洁、功能强大、简单易学。基本的SQL命令只需很短时间就能学会，高级的命令也能快速掌握。

2. T-SQL的分类

在SQL Server 2005系统中，根据T-SQL语言的特点可分为数据定义语言（DDL）、数据操作语言（DML）和数据控制语言（DCL）。

（1）数据定义语言。DDL用来定义和管理数据库、表和视图这样的数据对象。DDL通常包括每个对象的Create、Alter和Drop命令。例如，Create Table、Alter Table和Drop Table语句，通常用于创建、修改和删除其属性。

（2）数据操作语言。DML用于查询和操作数据，它使用Select、Insert、UPdate、Delete语句。这些语句允许用户查询数据、插入数据行、修改表中的数据、删除表中的数据行。

（3）数据控制语言。DCL用于控制数据库对象的操作权限，它使用Grant和Revoke语句对用户或用户组，授予或回收数据库对象的权限。

6.2　T-SQL语法基础

Transact-SQL语言是一系列操作数据库及数据库对象的命令语句，因此必须了解基本语法和流程控制语句的构成，其主要包括常量、变量、运算符、表达式、控制语句等。

6.2.1变量与常量

1. 变量

在SQL Server中有两种类型的变量，一种是系统全局变量，另一种是局部变量。

（1）全局变量。全局变量是系统定义记录服务器活动状态的一组数据，供用户使用。它以@@开头，我们可以用Select语句查看全局变量的值。常用的全局变量如下：

@@Error：返回执行一条SQL语句的错误号，正确返回0，否则返回错误号。

@@Identity：返回最后插入数据的Identity列的数值。

@@rowcount：返回执行SQL语句所影响表的数据行数目。

@@ServerName：存储SQL Server 2005服务器名和实例名。

（2）局部变量。局部变量是作为作用域局限在一定范围内的T-SQL对象的，它在程序运行期间，这些值是可以改变的。一个变量为便于引用，需要有个名称。变量名实际上是以一个名字代表一个内存地址，变量值是这个内存地址所存储的数据。

1）局部变量的定义：Declare @变量名称 数据类型

例6.2.1.1：定义用于存储姓名的局部变量。

declare @ name varchar（10）

2）变量赋值。变量使用Set语句来实现，其语法如下：Set @变量=Value；

例6.2.1.2：编写一段程序求两个数字的和。

declare @a numeric（3，1），@b numeric（3，1），@c numeric（3，1）

set @a=91

set @b=9

set @c=@a+@b

print @c

2. 常量

常量在程序运行中，其值是不变的。它表示一个特定数据值的符号。其格式取决于它所表示的数据值的数据类型。表6-2-1-1列出了SQL Server 2005中可用的常量类型及常量的表示说明。

表6-2-1-1　常见常量类型及表示说明

常量类型	说　明
字符串常量	由字母、数字以及特殊符号组成，通常包括在单引号或双引号中
二进制常量	0和1构成
十进制常量	无小数点的十进制数据表示
日期常量	单引号中包含日期和时间表示
货币常量	由小数点和货币符号构成的数字符号表示

例6.2.1.3：一些常量类型的举例

'zwh12@#'　　　　　　　　--字符串常量

'011101'　　　　　　　　　--二进制常量

989090877   --十进制常量

　'2014-4-19 11：00：18'   --日期常量

　'$12.00'   --货币常量

6.2.2 Transact-SQL运算符

运算符是用来指定要一个或多个表达式中执行操作的一种符号。在SQL Server 2005中，使用运算符包括算术运算符、逻辑运算符、赋值运算符、字符串连接运算符、比较运算符等。

1. 算术运算符

算术运算符包括+、-、*、/和%。它们用于执行两个表达式的运算，这两个表达式的返回值必须是数值数据类型，包括货币类型。其中+、-还可以对日期类型进行运算。

2. 逻辑运算符

逻辑运算符用于对某些条件进行测试，返回值为真或假。逻辑运算符的含义如表6-2-2-1所示。

表6-2-2-1　逻辑运算符的含义

逻辑运算符	含　义
AND	对两个表达式进行运算，表示两个条件同时成立
Between	测试操作数是否在指定的区间
Exists	测试查询结果是否存在
IN	测试操作数是否在结果集中存在
LIKE	表示是否模式匹配
NOT	对表达式逻辑取反
OR	两个表达式进行运算，表示一个条件成立即可

3. 赋值运算符

赋值运算符就是等号（＝），它是Transact-SQL中唯一赋值运算符。

4. 字符串连接符

在SQL Server中，字符串连接符为加号（+），表示将两个字符串连接起来而形成新的字符串。

6.2.3 流程控制语句

和其他高级语言一样，T-SQL中也有用于控制流程的语句。T-SQL中的流程控制语句进一步扩展了T-SQL的力量，使得大部分业务逻辑可以在数据库层面进行，常见的流程控制语句如下：

1. IF语句

IF语句就是最基本、用得最多的一种判断控制语句。SQL Server支持两种形式的IF语句：IF…和IF Else…句型。

（1）IF…句型。该句型的语法格式如下：

    IF Expression

    Begin

        语句块

    End

其中，Expression为布尔表达式，该语句的流程如图6-2-3-1所示。

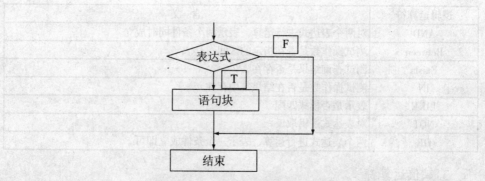

图 6-2-3-1　IF句型结构流程图

（2）IF…Else…句型。有时在做出判断后，对不满足条件表达式的情况，还要进行相应的操作，那么这时可以选IF…Else…句型。其语法格式如下：

IF Expression

　　语句块1

Else

　　语句块2

该语句的结构流程如图6-2-3-2所示。

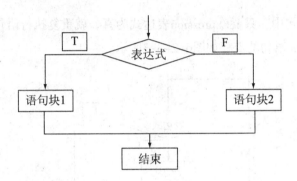

图6-2-3-2　IF…ElSE句型的结构流程图

2. Case语句

在遇到判断有多个的情况下，如果使用IF语句可能使语句在结构上变得非常复杂，但如果使用Case语句，就会使语句变得精炼、简洁。

在SQL Server中，Case表达式分为两种：一种是简单Case语句，另一种是搜索式Case语句。

语法格式如下：

Case Input_Expression

When When_Expression Then Result_Expression

　　〔Else Else_Result_Expression〕

　　End

执行时，首先计算input_Expression表达式的值，然后将结果和When_Expression表达式进行比较。如果相等，则计算Result_Expression表达式的值；如果都不相等，则计算 Else_Result_Expression表达式的值。

3. While语句

While语句是经典的循环控制语句，其语法格式如下：

    While Expression

    Begin

    语句块

    End

在While语句中，只要Expression表达式为真，就重复执行语句块；为假，则退出循环。While语句的流程如图6-2-3-3所示。

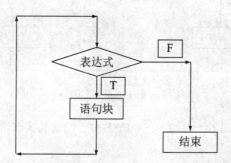

图 6-2-3-3   While语句的结构流程图

6.3   数据库操作

前面章节我们学习过使用对象资源管理器图形界面创建数据库，比较直观，适合初学者。使用查询分析器T-SQL语句也可以创建数据库，比较适合程序员。下面结合实例，介绍使用T-SQL来对数据库进行操作。

6.3.1   创建数据库

使用Create Database语句创建数据库，创建最简单的数据库语法如下：

create database databasename

例6.3.1.1：创建名为szcbnrgl_sql的数据库，数据库的所有参数使用默认值。

这种创建数据库的方法最为简单，操作步骤如下：

（1）创建方法是在SSMS中菜单栏中，单击快捷菜单栏中的"新建查询"按钮，打开SQL脚本编辑器，然后在SQL脚本编辑器中输入下列语句：

create database szcbnrgl_sql

（2）单击"执行"按钮来执行该语句，结果在对象资源管理器中的树形节点多了一个"szcbnrgl_sql"节点，表示数据库创建成功，如图6-3-1-1所示：

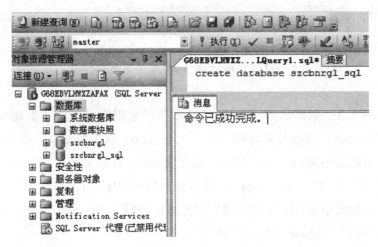

图6-3-1-1　szcbnrgl_sql数据库执行结果图

例6.3.1.2：创建名为"szcbnrgl_sql"的数据库，数据文件和日志文件都存储在c：\szcbnrgl_sql下。其中，主数据文件名为szcbnrgl_sql.mdf，初始大小为5M，增长大小为2M；日志文件名为szcbnrgl_sql.ldf，初始大小是3M，最大存储空间是25M，增长是5M。SQL语句如下所示：

create database szcbnrgl_sql

on

（name=szcbnrgl_sql，filename='C：\szcbnrgl_sql\szcbnrgl_sql.mdf'，

size=5，Maxsize=unlimited，filegrowth=2）

log on

（name=szcbnrgl_sql_log, filename='C：\szcbnrgl_sql\szcbnrgl_sql.ldf',
size=3, Maxsize=25, filegrowth=5）

执行SQL运行结果如图6-3-1-2所示。

图6-3-1-2　szcbnrgl_sql数据库创建执行图

例6.3.1.3：创建名为"szcbnrgl_sql"的数据库。其中主数据文件名为
szcbnrgl_sql.mdf，初始大小为5M，增长大小为2M；次要数据文件名为szcbnrgl_
sql.ndf，初始大小为2M，自动增长，最大为50M；日志文件名1为szcbnrgl_sql1.
ldf，初始大小为2M，增长为5M，最大存储空间为30M；日志文件名2为szcbnrgl_
sql2.ldf，初始大小为3M，最大存储空间为20M，增长50%。SQL语句如下所示：

create database szcbnrgl_sql

on primary

（name=szcbnrgl1_sql, filename='C：\szcbnrgl_sql\szcbnrgl_sql.mdf',
size=5, Maxsize=unlimited, filegrowth=2），

（name=szcbnrgl2_sql, filename='C：\szcbnrgl_sql\szcbnrgl_sql.ndf',
size=2, maxsize=50）

log on

（name=szcbnrgl1_sql_log, filename='C：\szcbnrgl_sql\szcbnrgl1_sql_log.
ldf', size=2, filegrowth=5, maxsize=30），

（name=szcbnrgl2_sql_log, filename='C：\szcbnrgl_sql\szcbnrgl2_sql_log.
ldf', size=3, Maxsize=20, filegrowth=20%）

执行SQL运行结果如图6-3-1-3所示。

图6-3-1-3　szcbnrgl_sql数据库创建执行图

注意：

在定义主数据文件的初始大小时必须不小于3M，日志文件的初始大小不小于1M。因为Model数据库的主数据文件和日志文件的默认大小分别为3M和1M。

6.3.2　修改数据库

修改数据库主要是针对创建的数据库在需求有变化时进行的操作，这些修改可分为数据库的名称、大小和属性等3个方面。

1. 修改数据库名称

使用ALTER DATABASE语句修改数据库的语法如下：

　　ALTER DATABASE databasename MODIFY name=newdatabasename

例6.3.2.1： 将数据库szcbnrgl_sql 更名为newszcbnrgl_sql。

　　alter database szcbnrgl_sql modify name=newszcbnrgl_sql

执行SQL运行结果如图6-3-2-1所示：

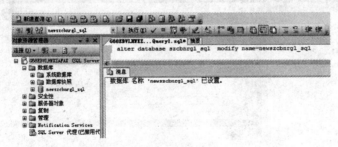

图6-3-2-1　szcbnrgl_sql数据库名称修改

2. 修改数据库大小

修改数据库大小，就是修改数据文件和日志文件的长度。基本语法如下：

alter database databasename modify file （name=文件名，size=大小，maxsize=大小）

例6.3.2.2：szcbnrgl_sql数据库的数据文件szcbnrgl_sql.mdf的初始大小为3M，将其大小扩充到20M，则具体语句如下所示：

alter database szcbnrgl_sql modify file （name=szcbnrgl_sql，size=2MB）

执行SQL运行结果如图6-3-2-2所示。

图6-3-2-2　szcbnrgl_sql数据库文件大小修改

查看szcbnrgl_sql数据库属性，可以看到文件大小已经修改，如图6-3-2-3所示。

图6-3-2-3　szcbnrgl_sql数据库文件大小结果图

3. 添加辅助数据文件

修改数据库大小还可以通过增加辅助数据文件或者日志大小来实现，下面通过实例来说明。

例6.3.2.3：如要将szcbnrgl_sql数据库扩大3MB，可以通过为该数据库增加一个大小为3MB的辅助数据文件实现，具体语句如下所示：

```
alter database szcbnrgl_sql
add file
(
name =szcbnrgl_sqlfj,
filename='C：\szcbnrgl_sql\szcbnrglfj_sql.mdf',
size =3MB,
maxsize=10MB,
filegrowth=10%
)
```

执行SQL运行结果如图6-3-2-4所示。

图6-3-2-4 szcbnrgl_sql数据库添加文件

该实例为szcbnrgl_sql数据库新增了数据文件的逻辑名称是"szcbnrgl_sqlfj"，大小是3MB，最大值是10MB，并且可以自动增长。

4. 收缩数据库

可以使用DBCC SHRINKDATABASE 命令收缩数据库数据和日志大小，该命令比自动收缩数据库更加灵活，可以对整个数据库进行收缩。

例6.3.2.4：收缩szcbnrgl_sql数据库数据和日志大小，并保留数据库有10%的可用空间，具体语句如下所示：

dbcc shrinkdatabase （'szcbnrgl_sql'，10）

6.3.3 删除数据库

当一个数据库已经被复制到另一个服务器，或者已经确认不再需要的时候，需要对该数据库进行删除。但是为了避免不必要的损失，在实际应用当中不管删除哪个数据库，在删除前都应对其进行备份。在删除数据库之前，确保数据库不处于工作状态，否则无法进行删除操作。使用Transact-SQL语句删除数据库的语法如下所示：

Drop database databasename ［，…n］

其中，databasename为要删除数据库名，［，…n］表示可以同时删除多个数据库名。

例6.3.3.1：将szcbnrgl_sql数据库在自己的SQL Server 2005中删除，具体语句如下所示：

drop database szcbnrgl_sql

执行SQL运行结果如图6-3-3-1。

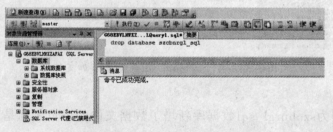

图6-3-3-1 删除szcbnrgl_sql数据库

6.4　数据表操作

6.4.1　创建和删除数据表

1. 创建表

使用Transact-SQL语言创建表，在程序设计中具有很大的灵活性。开发人员可以根据需要，随时在程序中为数据库创建表存储数据，SQL Server中是使用create table语句来创建表的。语法格式如下：

Create table 表名（{字段名 字段属性 字段约束}［，…n］）

使用Transact-SQL语言创建表，应遵循以下规则：① 列的定义必须放在圆括号中；② 语法中参数顺序不能改动；③ 最多可以设置1024个字段。

（1）字段属性。定义格式：① 数据类型［（长度）］［identity（初始值，步长值）］［NULL|not NULL］。② 制定数据类型长度时圆括号不能省略，如int（10）。③ Identity 用于指定该列为自动编号字段。④ NULL | not NULL 用于指定该列允许空值（默认）或不允许空值。

（2）字段约束。定义格式：

［constraint 约束名］primary key［（主键列名）］

［constraint 约束名］unique［（唯一列名）］

［constraint 约束名］{foreign key［（外键列名）]} references 引用表名（引用列名）

［constraint 约束名］check［（检查表达式）］

需要注意的是：① 约束名为以后修改管理时，省略为系统默认的约束名。② 字段名也可以在创建表结构以后另外单独设置。③ 定义字段的同时定义所绑定的约束时，可以省略列名。

例6.4.1.1：在szcbnrgl_sql数据库中，利用Transact-SQL创建"版式表"，具体语句如下所示：

    use szcbnrgl_sql --打开szcbnrgl_sql数据库

```
go
create table 版式表  --创建"版式表"
(
        样式ID bigint primary key not null,
        文章ID  bigint not null,
        资源ID bigint,    --默认null允许空值
        样式类型 text not null,
        样式标识 text not null,
)
```

执行SQL运行结果如图6-4-1-1所示。

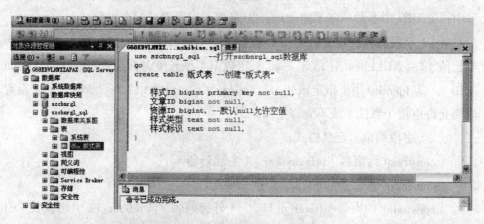

图6-4-1-1 创建"版式表"

例6.4.1.2：在szcbnrgl_sql数据库中，创建"文章表"的SQL具体语句如下所示：

```
use szcbnrgl_sql  --打开szcbnrgl_sql数据库
go
create table 文章表 --创建"文章表"
(
文章ID bigint primary key not null,
```

标题 text not null,

作者 text,

发布日期 smalldatetime

)

执行SQL运行结果如图6-4-1-2所示。

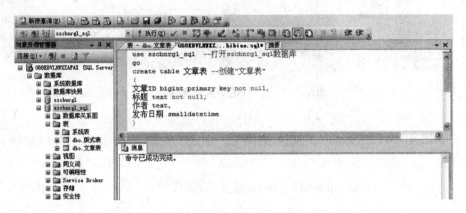

图6-4-1-2　创建"文章表"

例6.4.1.3：在szcbnrgl_sql数据库中，创建"文章对象表"的SQL具体语句如下所示：

use szcbnrgl_sql --打开szcbnrgl_sql数据库

go

create table 文章对象表 --创建"文章对象表"

(

序号 bigint primary key not null,

文章ID bigint not null,

资源ID bigint not null,

资源顺序 bigint not null

)

执行SQL运行结果如图6-4-1-3所示。

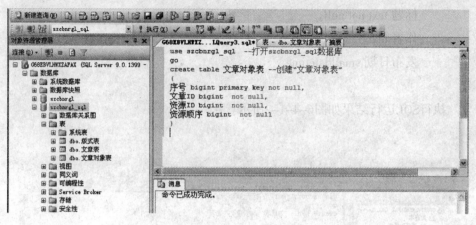

图6-4-1-3　创建"文章对象表"

例6.4.1.4：在szcbnrgl_sql数据库中，创建"资源表"的SQL具体语句如下所示：

use szcbnrgl_sql ——打开szcbnrgl_sql数据库

go

create table 资源表 ——创建"资源表"

（

资源ID bigint primary key not null，

资源类型 text not null，

资源名称 text，

资源内容 text，

资源位置 text

）

执行SQL运行结果如图6-4-1-4所示。

注意：

不能给money、smalldatetime等具有固定宽度的类型指明宽度，否则创建不成功。

图6-4-1-4 创建"资源表"

2. 删除表

利用T-SQL语句删除表的语法如下所示：

drop table 表名

例6.4.1.5：在szcbnrgl_sql数据库中，删除"资源表2"的SQL具体语句如下
所示：

> use szcbnrgl_sql --打开szcbnrgl_sql数据库
> go
> Drop table 资源表2 --删除"资源表2"

执行SQL运行结果如图6-4-1-5所示。

图6-4-1-5 删除"资源表2"

6.4.2 修改数据表的结构

数据表创建以后，在使用过程中可能需要对原先定义的表的结构进行修改。对表结构的修改包括增加列、删除列、修改已有列的属性等。

1. 增加列

例6.4.2.1：在"资源表2"中添加"资源来源"和"资源大小"列。具体SQL语句如下所示：

```
use szcbnrgl_sql
go
alter table 资源表2
add 资源来源 varchar（50）null，资源大小 int null
```

执行SQL运行结果如图6-4-2-1所示。

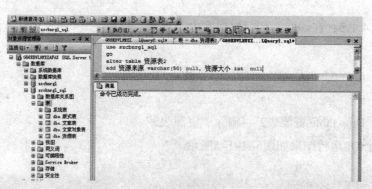

图6-4-2-1 "资源表2"增加字段

2. 删除列

例6.4.2.2：在"资源表2"中删除"资源来源"和"资源大小"列。具体SQL语句如下所示：

```
use szcbnrgl_sql
go
alter table 资源表2 drop column 资源来源，资源大小
```

执行SQL运行结果如图6-4-2-2所示。

图6-4-2-2　"资源表2"删除字段

注意：

删除列时，如果某列带有约束，必须先删除约束再删除该列。

3. 修改列的属性

例6.4.2.3：修改"资源表2"中"资源来源"列，将该列的属性长度改为100。具体SQL语句如下所示：

```
use szcbnrgl_sql
go
alter table 资源表2 alter column 资源来源 varchar（100）
```

执行SQL运行结果如图6-4-2-3所示。

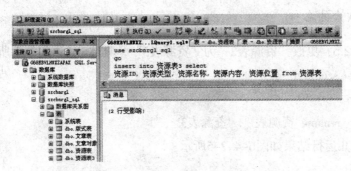

图6-4-2-3　修改"资源表2"字段属性

4.更改列的名称

例6.4.2.4：将"资源表2"中的"资源内容"列更名为"content"。具体SQL语句如下所示：

```
use szcbnrgl_sql
go
sp_rename '资源表2.资源内容', ' content', 'column'
```

执行SQL运行结果如图6-4-2-4所示。

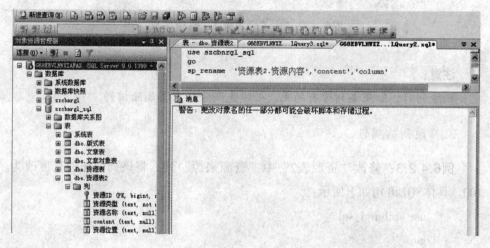

图6-4-2-4　更改"资源表2"字段名称

5.更改表的名称

例6.4.2.5：更改"资源表2"为"资源表3"，具体SQL语句如下所示：

```
use szcbnrgl_sql
go
sp_rename '资源表2', '资源表3'
```

执行SQL运行结果如图6-4-2-5所示。

图6-4-2-5 更改"资源表2"名称

6.4.3 查看表的信息

1. 查看数据库中所有表的信息

例6.4.3.1: 查看szcbnrgl_sql数据库中所有表的信息。具体SQL语句如下所示:

    use szcbnrgl_sql

    go

    sp_tables

执行SQL运行结果如图6-4-3-1所示。

图6-4-3-1 查看szcbnrgl_sql中表信息

2. 查看表所占用空间

例6.4.3.2: 查看szcbnrgl_sql数据库"资源表3"所占用的空间。具体SQL语句如下所示：

use szcbnrgl_sql

go

sp_spaceused 资源表3

执行SQL运行结果如图6-4-3-2所示。

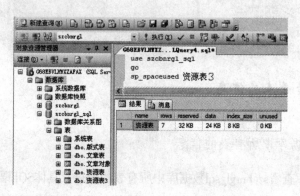

图6-4-3-2　查看szcbnrgl_sql中表信息

3.查看表的结构

例6.4.3.3：查看szcbnrgl_sql数据库"资源表3"的结构。具体SQL语句如下所示：

use szcbnrgl_sql

go

sp_help 资源表3

执行SQL运行结果如图6-4-3-3所示。

图6-4-3-3　查看szcbnrgl_sql中表结构

6.4.4　维护表中的数据

1. 向表中插入数据

例6.4.4.1： 向"资源表"中添加一行数据。具体SQL语句如下所示：

```
use szcbnrgl_sql
go
insert into 资源表（资源ID，资源类型，资源名称，资源内容，资源
位置）values（1，'文本'，null，'<p><nzz5>三十年，我们一路走来，见证
了上海软件产业由微到大，从刚刚萌芽发展成为超过2 000亿元的国民经济
支柱产业。三十年中，上海软件中心坚持创新的理念和服务的定位，工作
内容随着产业发展不断丰富，兼顾科研项目与专业服务，取得了可喜的成
绩。</nzz5></p>'，null）
```

执行SQL运行结果如图6-4-4-1所示。

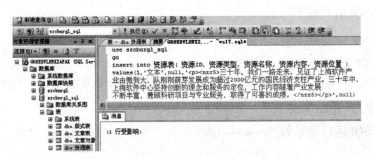

图6-4-4-1　"资源表"插入数据图

例6.4.4.2： 省略列名，向每列中添加数据，"资源表"中再添加一行数据。
具体SQL语句如下所示：

```
use szcbnrgl_sql
go
insert into 资源表
values（2，'文本'，null ，'<p><nzz5>上海软件中心在三十年发展道路上，
```

每一次创新探索，每一种核心能力，每一项专业服务，都留下了深深的足迹。这里我们希望通过对中心主要业务和工作实体的介绍，以及服务案例的展示，呈现上海软件中心的核心能力与服务风采。</nzz5></p>', null）

执行SQL运行结果如图6-4-4-2所示。

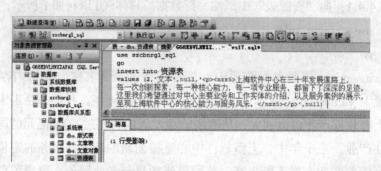

图6-4-4-2 "资源表"插入数据图

例6.4.4.3：省略Values清单，将"资源表"中两条数据添加到"资源表3"中。具体SQL语句如下所示：

```
use szcbnrgl_sql
go
insert into 资源表3 select 资源ID，资源类型，资源名称，资源内容，
资源位置 from 资源表
```

执行SQL运行结果如图6-4-4-3所示。

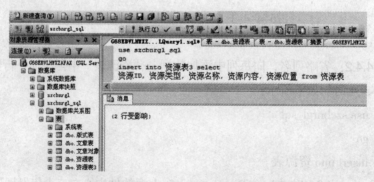

图6-4-4-3 "资源表"导入数据图

注意：

1）Insert表和Select结果集的列数、列序和数据类型必须一致。

2）如果表中列的属性为自动增长，则该列无法进行编辑，因此无需向该列添加数据。如果"资源表"中，资源ID字段属性的标识规范设置为"是"，表示该字段为自动增长。那么向该表中插入数据的SQL语句如下所示。

```
use szcbnrgl_sql

go

insert into 资源表 values（'文本', null, '<p><nzz5>上海软件中心在三十年发展道路上，每一次创新探索，每一种核心能力，每一项专业服务，都留下了深深的足迹。这里我们希望通过对中心主要业务和工作实体的介绍，以及服务案例的展示，呈现上海软件中心的核心能力与服务风采。</nzz5></p>', null）。
```

2. 修改表中的数据

例6.4.4.4：修改"资源表3"，将其中"资源ID"为2的"资源类型"改为"数字"。具体SQL语句如下所示：

```
use szcbnrgl_sql

go

update 资源表3 set 资源类型='数字' where 资源ID =2
```

执行SQL运行结果如图6-4-4-4所示。

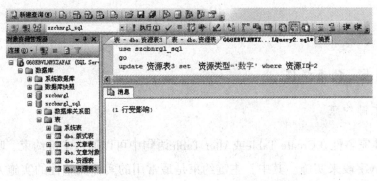

图6-4-4-4 修改"资源表3"图

3. 删除表中的数据

例6.4.4.5：删除"资源表3"中的内容，将其中"资源ID"为2的一行数据删除。具体SQL语句如下所示：

```
use szcbnrgl_sql
go
delete 资源表3 where 资源ID=2
```

执行SQL运行结果如图6-4-4-5所示。

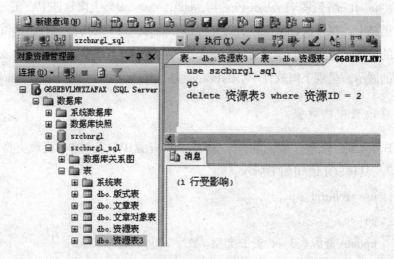

图6-4-4-5　删除"资源表3"图

如果没有where条件，则会删除表中的所有数据。

6.4.5　约束操作

1. 主键约束

实体完整性在Create Table或Alter Table语句中可以通过主键约束、唯一约束或Identity字段来实施。其中，主键约束是最常用的实体完整性的实施方法。当主键由一个字段构成，主键约束既可以是列级约束也可以是表级约束，如果主键由多个字段构成，则主键约束必须定义为表级约束。主键约束的列上不能为NULL，且不能有重复。

例6.4.5.1： 创建表中的主键，从而使该表满足实体完整性。

（1）定义为列级约束。具体SQL语句如下所示：

```
use szcbnrgl_sql --打开szcbnrgl_sql数据库
go
create table 资源表 --创建"资源表"
(
资源ID bigint primary key not null,
资源类型 text  not null,
资源名称 text ,
资源内容 text ,
资源位置 text
)
```

（2）定义为表级约束。具体SQL语句如下所示：

```
use szcbnrgl_sql --打开szcbnrgl_sql数据库
go
create table 资源表4 --创建"资源表4"
(
资源ID bigint  not null,
资源类型 varchar  not null,
资源名称 text,
资源内容 text,
资源位置 text,
constraint pk_资源表4 primary key（资源ID， 资源类型）
)
```

执行SQL运行结果如图6-4-5-1所示。

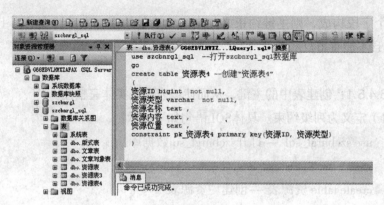

图6-4-5-1 为"资源表4"定义主键约束

注意：

数据类型为text的字段不能设置为primary key，所以应将"资源类型"字段类型改为varchar（100）。

（3）查看某表中主键约束的信息。

例6.4.5.2：查看资源表4中主键信息。

具体SQL语句如下所示：

sp_pkeys资源表4

执行SQL运行结果如图6-4-5-2所示。

图6-4-5-2 查看"资源表4"主键约束

（4）删除主键约束。

例6.4.5.3：删除资源表4中的主键约束。

具体SQL语句如下所示：

alter table资源表4 drop constraint pk_资源表4

（5）添加主键约束。

例6.4.5.4：　修改资源表4的主键约束。

具体SQL语句如下所示：

alter table资源表4

add constraint pk_资源表4　primary key（资源内容，资源位置）

注意：

如果要更改主键约束，必须先删除原先的主键约束，再添加新的主键约束。资源内容和资源位置的数据类型不能为text，应该修改为vchar类型，才能正确添加。

2.　创建唯一约束

Unique约束主要是让该列中的数据不能有重复，这和主键约束相同。不同之处在于，主键上不能有NULL值，unique列上可以有空值，但只能有一个。

例6.4.5.5：创建表"资源表4"其中"资源ID"为主键，"资源类型"为唯一约束。

（1）定义为列级约束。具体SQL语句如下所示：

```
use szcbnrgl_sql --打开szcbnrgl_sql数据库
go
create table 资源表4 --创建"资源表4"
(
资源ID bigint primary key not null,
资源类型 char not null unique,
```

资源名称 text,

资源内容 text,

资源位置 text

）

执行SQL运行结果如图6-4-5-3所示。

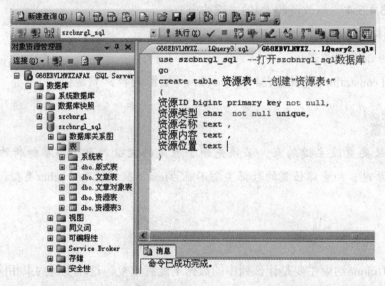

图6-4-5-3　创建"资源表4"并设置列级唯一约束

（2）定义为表级约束。创建"资源表4"，其中"资源类型"和"资源名称"为唯一约束。具体SQL语句如下所示：

```
use szcbnrgl_sql  --打开szcbnrgl_sql数据库
go
create table 资源表4 --创建"资源表4"
（
资源ID bigint primary key not null,
资源类型 varchar  not null,
资源名称 varchar,
```

资源内容 text,

资源位置 text,

constraint unique_资源表4 unique（资源类型，资源名称）

）

执行SQL运行结果如图6-4-5-4所示。

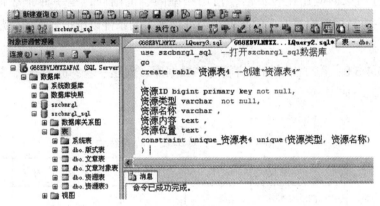

图6-4-5-4　创建"资源表4"定义表级唯一约束

（3）删除unique约束。

例6.4.5.6：删除资源表4中唯一约束。

具体SQL语句如下所示：

```
alter table 资源表4
drop constraint unique_资源表4
```

（4）添加unique约束。

例6.4.5.7：为"资源表4"修改唯一约束。

具体SQL语句如下所示：

```
alter table资源表4 add constraint unique_资源表4
unique（资源内容，资源位置）
```

注意:

资源内容和资源位置的数据类型不能为text,应该修改为vchar类型,才能正确添加。

3. 检查约束

检查约束的应用比较灵活,使用频率高、范围广,是一种非常有用的约束。它主要是用来检查输入的数据是否符合规定的条件以维护数据的完整性。

例6.4.5.8:在"出版物销售管理"数据库,创建一个"员工表",其表结构如表6-4-5-1所示。

表6-4-5-1　"员工表"的表结构

字段名	数据类型	字段长度	是否允许为空	约束
员工工号	Char(定长字符型)	5	否	主键
姓名	Varchar(变长字符型)	20	否	
出生日期	Datetime(日期/时间型)		否	
性别	Char(定长字符型)	2	否	

具体SQL语句如下所示:

(1)列级约束。

```
use cbwxsgl
go
create table 员工表
(员工工号 char(5)primary key,
姓名 varchar(20)not null,
出生日期 Datetime not null,
性别 char(2)not null check(性别='男' or 性别='女'))
```

执行SQL运行结果如图6-4-5-5所示。

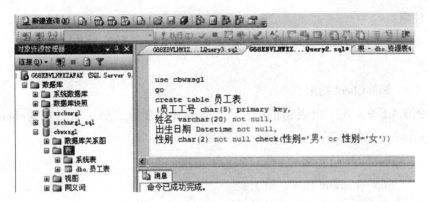

图6-4-5-5　创建check列级约束

（2）表级约束。

use cbwxsgl

go

create table 员工表

（员工工号 char（5） primary key，

姓名 varchar（20） not null，

出生日期 Datetime not null，

性别 char（2） not null，constraint check_员工表 check（ 性别 = '男' or性别 = '女'））

执行SQL运行结果如图6-4-5-6所示。

图6-4-5-6　创建Check列级约束

注意：

在查询条件的表达式即Where表达式中能使用的，在Check中都能使用。

（3）删除Check约束。

例6.4.5.9： 在"出版物销售管理"数据库，删除"员工表"中的check约束。具体SQL语句如下所示：

    alter table 员工表
    drop constraint check_员工表

（4）添加Check约束。

例6.4.5.10： 在"出版物销售管理"数据库，为"员工表"添加check约束，具体SQL语句如下所示：

    alter table员工表 add constraint check_员工表 check（性别='男' or性别='女'）

6.5　检索操作

6.5.1　简单查询

1. Select 语句的使用

Select语句主要用于查询数据，也可以用来向局部变量赋值。常用的Select语句的用法为：Select 选择列表（查询所显示的内容）、From 表列表（查询内容所在的表）、Where 查询条件（查询内容的条件）。

选择列表可以包括几个列的名称或者表达式，用逗号隔开，用来指示应该返回哪些数据。表达式可以列名、函数或常数的列表，From子句包含提供数据的表或视图名称，当选择列表中含有列名时，每一个Select子句必须带一个From子句。Where子句用于给出查询条件。

例6.5.1.1：在szcbnrgl_sql数据库中，查询"资源表"中的"资源名称"和
"资源内容"，具体SQL语句如下所示：

    use szcbnrgl_sql --打开szcbnrgl_sql数据库

    go

    select资源名称，资源内容 from 资源表

执行SQL运行结果如图6-5-1-1所示。

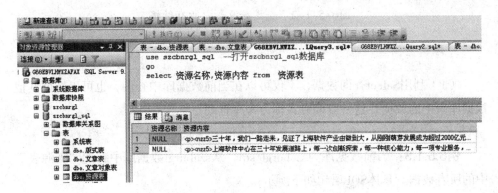

图 6-5-1-1　查找资源表所需列的数据

2. 在Select语句中使用"*"号

如果在选择列表中使用星号（*），则从指定表或视图中查询并返回所有
的列。

例6.5.1.2：在szcbnrgl_sql数据库中，查询资源表中的所有数据。具体SQL语
句如下所示：

    use szcbnrgl_sql --打开szcbnrgl_sql数据库

    go

    select * from 资源表

执行SQL运行结果如图6-5-1-2所示。

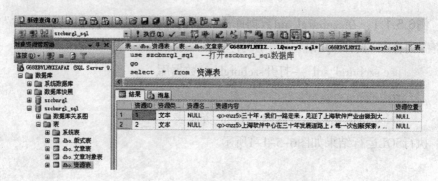

图6-5-1-2　查找资源表中所有数据

3.跨库查询

（1）利用Select查询数据，不仅可以在当前数据库中查询，也可以查询其他数据库表中的数据，这种查询方式称为跨库查询。

　　例6.5.1.3：当前数据库为szcbnrgl_sql，从szcbnrgl数据库中查询"资源表"中的所有数据。具体SQL语句如下所示：

　　select * from szcbnrgl.dbo.资源表

　　执行SQL运行结果如图6-5-1-3所示。

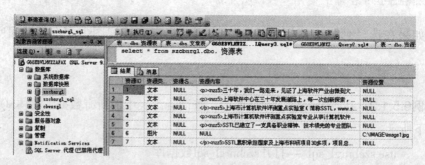

图6-5-1-3　跨库查询数据

（2）不显示重复记录。Distinct关键字就是用来从查询的结果集中去掉重复的记录的。如果用户没有指定Distinct关键字，那么系统默认将返回符合条件的所有记录，其中包括重复记录。

例6.5.1.4：当前数据库为szcbnrgl_sql，从szcbnrgl数据库中查询"资源表"中的所有数据。具体SQL语句如下所示：

select distinct 文章ID from szcbnrgl.dbo. 版式表

执行SQL运行结果如图6-5-1-4所示。

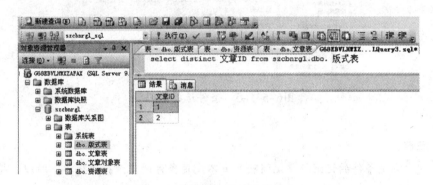

图6-5-1-4　查询不重复数据

4. Where 条件查询

包含Where子句的Select语句称为条件查询语句。因为一张表中会有成千上万条记录，而用户仅仅需要一部分记录，这就需要使用Where语句指定查询的条件来进行筛选。

为了实现许多不同种类的查询，Where语句提供了丰富的搜索条件，下面是5个基本条件：① 比较运算符（=、<>或!=、<、>、!>、!<）；② 范围说明（Between、not Between）；③ 可选值列表（In、not in）；④ 模式匹配（Like、Not Like）；⑤ 逻辑运算符（And、Or、Not）。

（1）比较查询条件。比较查询条件由比较运算符表达式组成，系统将根据该查询条件的真假来决定某一条记录是否满足查询条件，只有满足查询条件的记录才会出现在最终的结果集中。

例6.5.1.5：从szcbnrgl数据库中查询"资源表"中的数据，条件是"资源ID"大于3的所有数据。具体SQL语句如下所示：

select * from szcbnrgl.dbo.版式表 where资源ID > 3

执行SQL运行结果如图6-5-1-5所示。

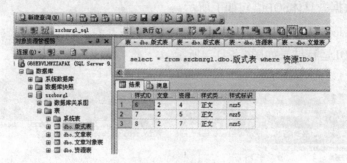

图6-5-1-5　条件选择数据

注意：

搜索满足条件的记录行要比消除所有不满足条件的记录行快得多，所以，将否定的Where语句条件改写为肯定的条件将会提高性能，这是一条必须记住的准则。

（2）范围查询条件。通常使用between…and和NOT between…and来指定范围查询的条件。

例6-5-1-6：从szcbnrgl数据库中查询"资源表"中的数据，条件是"资源ID"在3到5之间包含3和5的所有数据。具体SQL语句如下所示：

select * from szcbnrgl.dbo.版式表 where资源ID between 3 and 5

执行SQL运行结果如图6-5-1-6所示。

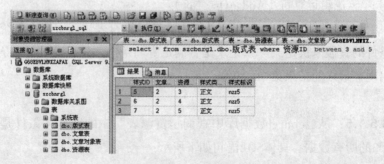

图6-5-1-6　范围查询数据

（3）模糊Like查询。有时用户对查询数据表中的数据了解不全面，例如只知道所要查询人的姓而不能确定他的名字，这时需要使用Like进行模糊查询。Like关键字需要使用通配符在字符串内查找指定的模式，所以需要了解通配符及其含义。通配符的含义如表6-5-1-1所示。

表6-5-1-1　Like关键字中的通配符及其含义

通配符	说明
％	代表0到多个字符组成的任意字符串
－	任意单个字符
［］	用于指定连续范围，如［A-Z］表示A到Z之间的任意字符
［^］	表示指定范围之外的，如［^A-F］表示A到F之外的任意字符

例6-5-1-7：从szcbnrgl数据库中查询"资源表"中的数据，查询"样式标识"以nb开头的所有数据。具体SQL语句如下所示：

select * from szcbnrgl.dbo.版式表 where 样式标识 like 'nb%'

执行SQL运行结果如图6-5-1-7所示。

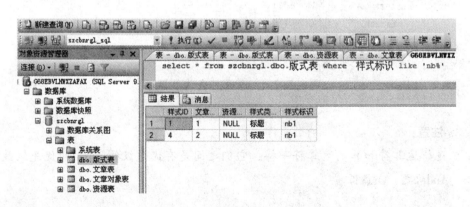

图6-5-1-7　模糊Like查询数据

6.5.2 复合查询

1. 复合查询条件

在很多情况下，Where条件中仅仅使用一个条件不能准确地从表中检索到需要的数据，这时就需要逻辑运算符And、Or、Not来将多个条件组合使用，使用的原则如下：① 使用And返回满足所有条件的行；② 使用Or返回满足任意一条数据；③ 使用Not返回不满足表达式的行。

例6.5.2.1： 从szcbnrgl数据库中查询"版式表"中的数据，查询"资源ID"小于2或者大于5的所有数据。具体SQL语句如下所示：

    select * from szcbnrgl.dbo.版式表 where 资源ID<2 or 资源ID>5

执行SQL运行结果如图6-5-2-1所示。

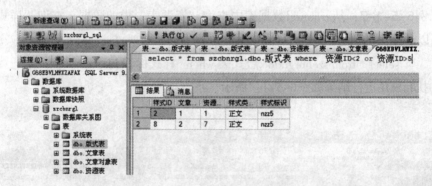

图6-5-2-1　带条件查询数据

注意：

逻辑运算符和算术运算符一样，它们之间是有优先级的：Not的优先级最高，And次之，Or最低。

2. 使用Order By排序查询

如果数据表较小，不需要用Order By子句，查询结果会按照在数据表中的顺序排列。但如果数据表较大，则必须使用Order By子句，以方便查看查询结果。

（1）单级排序。排序的关键字是Order By，默认状态下是升序，关键字是Asc，降序的关键字是Desc。

例6.5.2.2：从szcbnrgl数据库中查询"版式表"中的数据，按照"资源ID"降序排列。具体SQL语句如下所示：

　　select * from szcbnrgl.dbo.版式表 order by资源ID desc

执行SQL运行结果如图6-5-2-2所示。

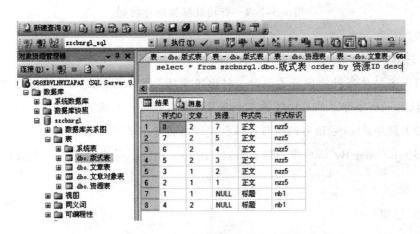

图6-5-2-2　查询数据按降序排列

（2）多级排序。当按照一列进行排序后，如果该列有重复记录值，那么重复记录值这部分就没有进行有效的排序，需要附加一个字段，作为第二次排序的标准。

例6.5.2.3：从szcbnrgl数据库中查询"版式表"中的数据，先按照"文章ID"升序排列，再按照"样式ID"降序排序。具体SQL语句如下所示：

　　select * from szcbnrgl.dbo.版式表 order by 文章ID asc，样式ID desc

执行SQL运行结果如图6-5-2-3所示。

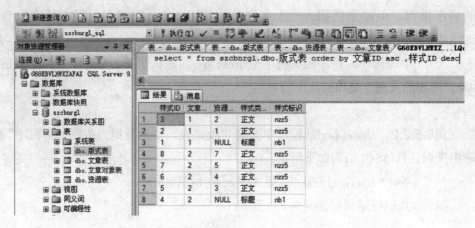

图6-5-2-3　查询数据按降序排列

注意：

1）当排序字段是字符类型时，将按照字符数据中字母或汉字的拼音排序，先比较第一个字母，然后比较第二个字母，直到比较出结果为止。

2）排序是Select语句的执行过程，先进行排序，再进行筛选。

3）在Order By 语句中不能有Text、Image、Binary等大型的二进制数据类型的列。

3. 空值

空值在技术上来说就是"未知的值"。但空值并不是零、一个或多个空格。它实际上表示还没有向数据库中输入相应的数据，或某个特定的记录行不需要使用该列。在实际应用中，下列几种情况可使一列为NULL：① 其值未知；② 其值不存在；③ 列对表行不可用。

例6.5.2.4：从szcbnrgl数据库中查询"版式表"中的数据，查找"资源ID"不确定的数据。具体SQL语句如下所示：

select * from szcbnrgl.dbo.版式表 where 资源ID is null

执行SQL运行结果如图6-5-2-4所示。

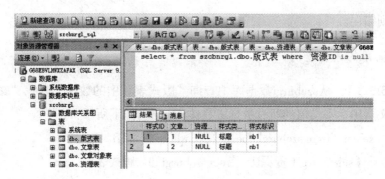

图6-5-2-4　查询不确定的数据

例6.5.2.5：从szcbnrgl数据库中查询"版式表"中的数据，查找"资源ID"
确定的数据。具体SQL语句如下所示：

select * from szcbnrgl.dbo.版式表 where 资源ID is not null

执行SQL运行结果如图6-5-2-5所示。

图6-5-2-5　查询确定的数据

6.5.3　嵌套查询

嵌套查询是指在一个外层查询中包含着一个内层查询。其中，外层查询称
为父查询、主查询；内层查询称为子查询、从查询。

子查询比较测试的运算符是：=、<>、<.、>、<=、>=。子查询比较测试
把一个表达式的值和一个有子查询生成的值进行比较，只是子查询只能返回一个

值，否则错误。

1. 简单的嵌套查询

例6.5.3.1：从szcbnrgl数据库中查询"版式表"中的数据，查找"文章ID"大于"文章ID"平均值的所有数据。具体SQL语句如下所示：

select * from szcbnrgl.dbo.版式表 where 资源ID
>（select avg（资源ID）from szcbnrgl.dbo.版式表）

执行SQL运行结果如图6-5-3-1所示。

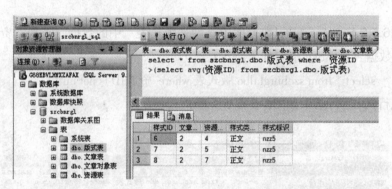

图6-5-3-1　简单的嵌套查询

2. 利用in关键字实现嵌套查询

一些嵌套内层的子查询会产生一个值，也有一些子查询会返回一列值。即子查询不能返回带几行和几列数据的表。原因在于子查询的结果必须适合外层查询语句。当子查询产生一系列值时，适合用带in的嵌套查询。

把查询表达式单个数据与由子查询产生一系列的数值相比较，如果数值匹配一系列值中的一个，则返回该记录。

例6.5.3.2：从szcbnrgl数据库中查询文章表和文章对象表中来自文章ID为1的文章的标题、作者、发布时间信息。具体SQL语句如下所示：

select * from szcbnrgl.dbo.文章对象表 where 文章ID
in （select 文章ID from 文章表 where 文章ID =1）

执行SQL运行结果如图6-5-3-2所示。

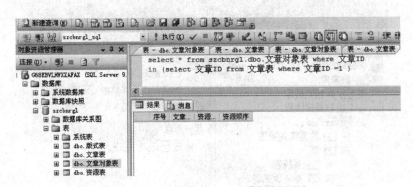

图6-5-3-2　in关键字实现嵌套查询

6.6　视图操作

6.6.1　创建视图

使用SQL语句创建视图，语法格式如下所示：

create view view_name［（column_name［.....］）］

as

Select_statement

［with check option］

例6.6.1.1：使用Create View 创建视图szcbnrgl数据库"文章表"视图ST_WZ。具体SQL语句如下所示：

use szcbnrgl

go

create view ST_WZ as

select * from 文章表

执行SQL运行结果如图6-6-1-1所示。

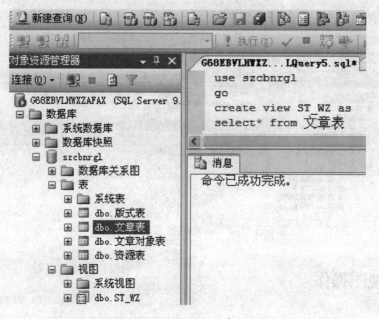

图6-6-1-1　SQL创建视图

注意：

创建视图并不是所有的Select语句都可以来定义视图，以下语句是禁止的：
Select into、Order By。Order By只能和TOP语句联用才能定义视图。

6.6.2　查看视图

1. 查看视图的信息

使用的SQL语句可以通过系统存储过程Sp_Helptext来实现。

例6.6.2.1：可以通过系统存储过程Sp_Helptext来查看视图ST_WZ信息。具体
SQL语句如下所示：

　　use szcbnrgl

　　go

sp_helptext ST_WZ

执行SQL运行结果如图6-6-2-1所示。

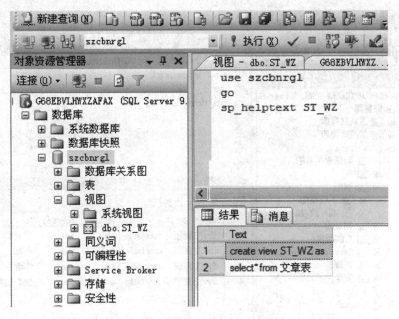

图6-6-2-1　SQL查看视图的信息

2. 查看视图的相关性

视图的相关性是指视图与其他数据库对象的关系，如视图对基本表的依赖关系等。使用SSMS来查看视图的相关性：单击右键选择"查看依赖关系"，然后弹出依赖关系对话框。在此对话框中，可以获取视图的相关性信息。利用系统存储过程Sp_depends也可以查看。

例6.6.2.2：使用Sp_depends查看视图ST_D的相关性视图ST_WZ的相关性。具体SQL语句如下所示：

use szcbnrgl

go

sp_depends ST_WZ

执行SQL运行结果如图6-6-2-2所示。

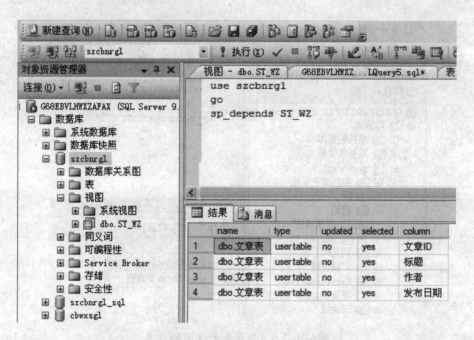

图6-6-2-2 SQL查看视图的相关性

6.6.3 修改视图

例6.6.3.1：使用alter view 修改视图。修改视图ST_WZ的具体SQL语句如下所示：

    use szcbnrgl
    go
    alter view ST_WZ as
    select 文章ID，标题，作者 from 文章表

执行SQL运行结果如图6-6-3-1所示。

图6-6-3-1　SQL修改视图

6.6.4　删除视图

例6.6.4.1：使用Drop view删除视图。删除视图ST_WZ的具体SQL语句如下所示：

　　use szcbnrgl

　　go

　　Drop view ST_WZ

执行SQL运行结果如图6-6-4-1所示。

图6-6-4-1　SQL删除视图

注意：删除视图只是删除视图的定义，与视图中的数据无关。

6.7 索引操作

6.7.1 创建索引

1. 创建索引的语法格式

创建索引的语法格式如下所示。

Create［unique］［clustered|nonclustered］Index index_name on table_name（column_name….）

需要说明的是：

（1）Unique：建立唯一索引

（2）Clustered：建立聚集索引

（3）NonClustered：建立非聚集索引

（4）Index_Name：索引名称

（5）Table_name：表的名称

（6）Column_name：列的名称

例6.7.1.1：在数据库szcbnrgl_sql中的"版式表"上创建名为"IX_版式"的聚集索引、唯一索引，该索引基于"标题"列创建。具体SQL语句如下所示：

　　use szcbnrgl_sql

　　go

　　create unique clustered index IX_版式表 on 版式表（［文章ID］）

执行SQL运行结果如图6-7-1-1所示。

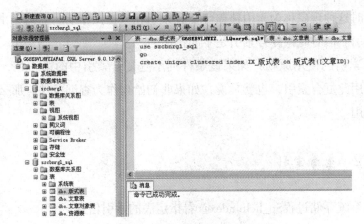

图6-7-1-1　SQL创建索引

注意:

1) 在执行SQL语句之前, 需要把该表中设置的主键去掉才能正确执行上面语句。

2) Unique索引既可以是聚集索引也可以是非聚集索引结构, 如果不指明Clustered选项, 那么默认索引采用非聚集索引结构。

3) 建立unique索引的表在执行Insert语句或Update语句时, 将自动检验新的数据中是否存在重复值。如果存在, 则返回错误提示信息。

4) 具有组合列, 不同的组合顺序的复合索引彼此是不同的。

5) 如果表中已有数据, 那么在创建unique索引时, 将自动检验是否存在重复值。如有则不能创建。

注意:

SQL Server中的索引都存放到Sys.Indexes系统表中, 通过对该表的查询就可以知道是否存在同名的索引。

select * from sys.indexes where name=´IX_版式表´

2. 复合索引

在表中的多个列上创建索引称为复合索引。当查询所有列都包含在一个复合索引中时这种现象称为索引覆盖。复合索引在数据操作期间开销更小，可以代替单个索引。但有时候复合索引是不起作用的。

复合索引的使用原则：如果该条件列不是复合索引中的第一列，那么该语句不能使用此复合索引，也就是说，如果非初始列作为查询条件，那么复合索引将失去作用。

6.7.2 查看索引

使用系统存储过程Sp_helpindex查看指定表的索引信息。

例6.7.2.1：使用Sp_helpindex查看数据库szcbnrgl_sql中的"版式表"上创建的索引。具体SQL语句如下所示：

```
use szcbnrgl_sql

go

exec sp_helpindex 版式表
```

执行SQL运行结果如图6-7-2-1所示。

图6-7-2-1 SQL查看表的索引信息

6.7.3　删除索引

例6.7.3.1：使用drop index删除数据库szcbnrgl_sql中的"版式表"上创建的索引。具体SQL语句如下所示：

```
use szcbnrgl_sql
go
drop index  版式表.IX_版式表
```

执行SQL运行结果如图6-7-3-1所示。

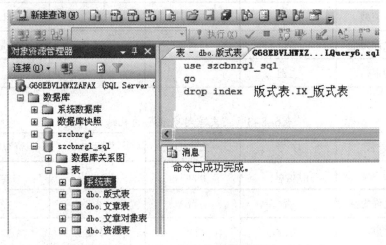

图6-7-3-1　SQL删除表的索引

6.8　实训

（1）使用T-SQL语句，在自己电脑上创建数据库。要求：数据库名称为"szcbnrgl_学号+姓名"，其中主数据名称是szcbnrgl_学号+姓名.mdf，初始大小为5MB，增长大小为2MB，日志文件的初始大小是3MB，最大存储空间是25MB，增长是5MB。

（2）使用T-SQL语句，按照以下表结构创建数据表（表6-8-1、表6-8-2、表6-8-3、表6-8-4）。

表6-8-1　"资源表"的表结构

字段名	资源ID	资源类型	资源名称	资源内容	资源位置
数据类型	bigint	text	text	text	text
是否允许为空	否	否	是	是	是
约束	主键				

表6-8-2　"文章表"的表结构

字段名	文章ID	标题	作者	发布日期
数据类型	bigint	text	text	smalldatetime
是否允许为空	否	否	是	是
约束	主键			

表6-8-3　"文章对象表"的表结构

字段名	序 号	文章ID	资源ID	资源顺序
数据类型	bigint	bigint	bigint	bigint
是否允许为空	否	否	否	否
约束	主键	外键	外键	

表6-8-4　"版式表"的表结构

字段名	版式ID	文章ID	资源ID	样式类型	样式标识
数据类型	bigint	bigint	bigint	text	text
是否允许为空	否	否	是	否	否
约束	主键	外键	外键		

（3）使用T-SQL，向"版式表"表中输入如下模拟数据（见表6-8-5）。

表6-8-5　"版式表"的模拟数据

字段名	样式ID	文章ID	资源ID	样式类型	样式标识
	1	1		标题	nb1
	2	1	1	正文	nzz5
	3	1	2	正文	nzz5
模拟数据	4	2		标题	nb1
	5	2	3	正文	nzz5
	6	2	4	正文	nzz5
	7	2	5	正文	nzz5
	8	2	7	正文	nzz5

（4）用SQL语言实现下列功能的T-SQL语句代码：① 创建数据库，出版销售管理数据库。② 创建数据表，表结构和字段要求见"附录2"。③ 向表中输入"附录2"中的模拟数据。

（5）掌握Select语句的基本语法和用法。利用select语句查找出版物销售表中销售日期在2014-4月以后的数据。

（6）掌握用Order by子句进行排序。查找出版社表中的数据，数据按照出版社编号倒序排列。

6.9　习题

1.填空题

（1）T-SQL 语言中，有＿＿＿＿＿＿运算、字符串连接运算、比较运算和＿＿＿＿＿运算。

（2）T-SQL 语言中，用来删除一个表的命令是＿＿＿＿＿，建立视图的命令是＿＿＿＿＿；修改视图的命令是＿＿＿＿＿，删除视图的命令是＿＿＿＿＿，建立索引的命令是＿＿＿＿＿，删除索引的命令是＿＿＿＿＿。

（3）在szcbnrgl数据库中，查询"资源表"中"资源ID"大于2且小于5的所有数据的SQL语句是＿＿＿＿＿。

（4）select语句对查询结果排序时，使用_____子句指定排序字段，使用_____指定升序，使用_____指定降序。

（5）从szcbnrgl数据库中查询"版式表"中的数据，先按照"文章ID"降序排列，再按照"样式ID"升序排序，使用SQL语句是_____。

2. 简答题

（1）SQL语言具有哪些特点？

（2）T-SQL语句可分为哪几类？

（3）T-SQL中控制流程的语句有哪些？分别写出各自的语法格式。

第七章 数据库的日常维护和管理

内容摘要

　　数据库的日常维护与管理涉及多方面的知识和操作，常用的有数据的导入和导出，数据的备份和恢复等。数据的导入、导出是数据库系统与外部进行数据交换的操作。数据备份是从数据的安全性考虑，在数据库系统运行过程中需要定期进行的操作。一旦数据库因意外而遭到损坏，就必须使用这些备份来恢复数据。

学习目标

- 了解数据的导入和导出、数据备份和恢复的概念
- 掌握数据导入和导出、数据备份和恢复的操作方法
- 掌握备份的创建、使用对象资源管理器进行备份、恢复数据库的方法
- 掌握数据的导入和导出（特别是Excel）操作

7.1 数据库备份和恢复

7.1.1 概述

　　在数据库的日常维护当中，人为操作疏忽、硬件故障、数据库文件损坏等都可能造成数据库数据的丢失。在发生这类状况时，需要进行数据库恢复，恢复之前，必须要有备份的数据库文件。

　　备份和恢复是SQL Server 2005的重要组成部分。备份就是对数据库或事务日

志进行复制。数据库备份记录了备份过程中所有数据的状态，如果数据库遭到意外损坏，这些备份文件可以用来恢复数据。执行备份操作必须拥有对数据库备份的权限许可。在数据库备份之前，应该检查数据库中数据的一致性，这样才能保证数据库备份的文件在以后能够被完整地还原。

恢复数据库就是把遭受破坏的、错误的或者不完整的数据恢复到原来的正常状态。能恢复到什么状态是由备份过程中备份的类型决定的。一般来说，数据库的还原要比数据库的备份更加重要和困难。

此外，数据库备份和恢复还可以用作其他用途，如果在不同的数据库服务器上复制数据，只要将一台服务器上的数据备份，在另一台数据库服务器上进行恢复即可。这样就可以又快又方便地完成数据复制。数据库的备份和恢复工作主要由数据库管理员来完成。

7.1.2　数据库备份类型

SQL Server 2005提供了高性能的备份和恢复功能，用户可以设计自己的备份策略来保护数据库中的数据。SQL Server 2005提供了4种备份模式。

1. 完全数据库备份

完全数据库备份（DataBase Complete）是整个数据库的一个备份，是最完整的数据库备份方式，将数据库中的所有对象完整地复制到指定的设备上。其他所有备份类型都依赖于完全数据库备份。换句话说，如果没有执行完全数据库备份，就无法执行差异数据库备份和事务日志备份。

2. 差异数据库备份

差异数据库备份是指从最近一次完整数据库备份以后发生改变的数据开始记录。如果在完成完全备份后数据库中又增加了一个文件，则差异数据库备份就包括该新加的文件，而无需进行全部数据库文件备份，所以差异备份比完全备份快。

3. 事物日志备份

事物日志备份与差异数据库备份非常相似，都是备份部分数据内容。事物日志备份只记录事物日志的变化部分，确切地说，是自从上一个事物以来已经发生了变化的部分。事物日志备份比完全数据库备份节省时间和空间，而且利用事务日志进行恢复时，可以指定恢复到某一个事务，比如可以将其恢复到某个破坏性操作执行的前一个事务。因为事务日志备份仅仅存放日志信息，恢复时按照日志重新操作数据。

通常情况下，事务日志备份经常与完整备份和差异备份结合使用，比如每个月进行一次完全备份，每天进行一次差异备份，每小时进行一次事务日志备份。

4. 数据库文件和文件组备份

当一个数据库文件很大时，对整个数据库进行备份可能花费很多时间，这时可以采用文件和文件组备份的方式，数据库文件和文件组备份是针对某一个文件或文件组的复制。

7.1.3 备份设备的操作

在进行备份前，首先必须指定或者创建备份设备，备份设备是用来存储数据文件、事务日志文件或者文件组备份的存储介质，可以是硬盘、磁带等。SQL Server 2005中允许将本地硬盘和远程服务器硬盘作为备份设备。下面使用SSMS创建和删除备份设备：

（1）启动SSMS，在对象资源管理器下展开"服务器对象"的"备份设备"，单击右键"备份设备"，在弹出的快捷菜单中选择"新建备份设备"命令，如图7-1-3-1所示。

（2）在"备份设备"设置对话框中输入"设备名称"，用户可以在文件中自行设置存放路径，如图7-1-3-2所示。

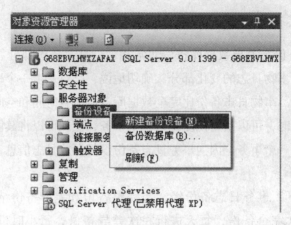

图7-1-3-1　新建备份设备

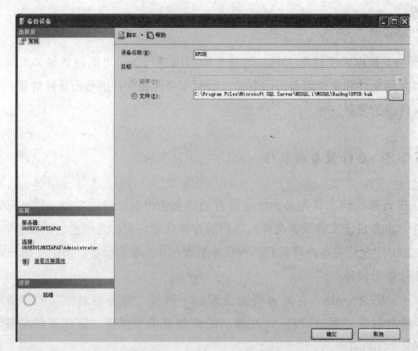

图7-1-3-2　设置备份设备属性

　　删除备份设备与创建备份设备过程操作相似：选中要删除的备份设备后单击右键，在弹出的快捷菜单中选择"删除"即可完成。

7.1.4 备份数据库

备份就是指对数据库或事务日志进行拷贝。数据库备份记录了在进行备份这一操作时数据库中所有数据的状态。在SQL Server 2005中，可以使用SSMS备份和T-SQL语句备份两种方式。这里介绍使用SSMS备份数据库的方法。

（1）启动SSMS，在对象资源管理器下选择要备份的数据库后单击右键，在弹出的快捷菜单中选择"任务|备份"命令，如图7-1-4-1所示。

图7-1-4-1 选择备份数据库

（2）选择备份数据库后，对出现的如图7-1-4-2所示"备份数据库"的对话框进行设置。

常规选项卡中的选项说明如下：①"数据库"下拉列表框：用来指定要进行数据备份的数据库名称。②"备份类型"选项：指定使用的备份模式，如果数据库是第一次备份，将只会有一个完全备份选项可供选择。③ 在"备份集"选项区的"名称"文本框中会默认出名称，也可以自己定义修改。

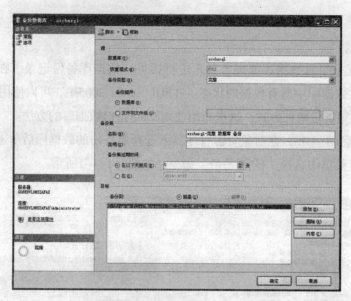

图7-1-4-2 "常规"选项卡

（3）在设置属性框中切换到如图7-1-4-3所示"选项"中进行设置。

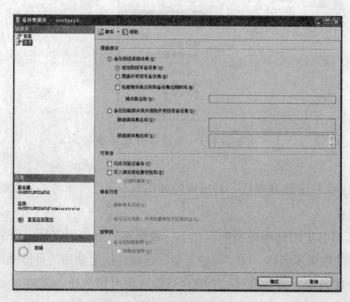

图7-1-4-3 "选项"选项卡

（4）单击"确定"后，SQL Server 2005将自动完成备份过程，备份完成后将出现如图7-1-4-4所示的界面。

图7-1-4-4 备份成功提示界面

7.1.5 恢复数据库模式

数据库备份后，一旦数据库系统崩溃或者人为意外操作，就可以通过备份操作来恢复数据库，数据库恢复模式是数据库运行时记录事务日志的模式，有以下3种：

1. 完整恢复模式

完整恢复模式完整地记录了所有的事务，并保留所有事务的完整日志记录，直到将它们备份。完整恢复模式使用数据库备份和事物日志备份提供对系统故障的完全防范。

2. 大容量日志恢复模式

在大容量日志恢复模式下，只对大容量操作进行开始和结果等基础信息的记录，不记录实际的操作事务过程。

3. 简单恢复模式

简单恢复模式可以将数据库恢复到上次备份的即时点。简单恢复模式是没有事务日志的备份，在简单恢复模式下，数据库的备份和恢复因为没有日志的参与，简化了其处理过程。

7.1.6 恢复数据库

恢复数据库可以使用SSMS，也可以使用SQL语句，这里介绍使用SSMS恢复数据库，执行步骤如下：

（1）启动SSMS，选择"数据库"节点单击右键，在弹出的快捷菜单中选择"还原数据库"命令，打开还原数据库对话框，如图7-1-6-1所示。

图7-1-6-1　数据库还原选择

（2）打开"常规"选项卡，选择源数据库，编辑目标数据库的名称等，如图7-1-6-2所示。

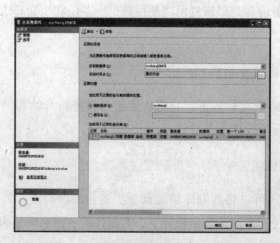

图7-1-6-2　还原数据库常规设置

（3）打开"选项"选项卡，进行相应的设置，如图7-1-6-3所示。

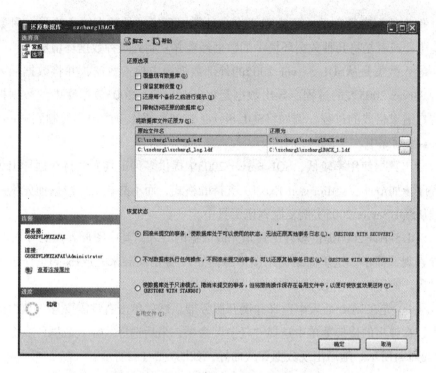

图7-1-6-3　还原数据库"选项"设置

（4）数据库恢复完毕后，出现如图7-1-6-4所示的提示界面，表明已经成功恢复数据库。

图7-1-6-4　数据恢复成功界面

7.2 导入、导出Excel工作表

作为数据库管理员，经常需要将一种数据环境中的数据输入到另一种数据环境中，或者是将几种数据环境中的数据经合并复制到某种数据环境中。

导入数据是从SQL Server 2005的外部数据源中检索数据，并将数据插入到SQL Server 2005表的过程。导出数据是将SQL Server 2005数据库中的数据提取出用户需求格式的过程，例如将SQL Server 2005数据库表的内容复制到Microsoft Access数据库中。

导出数据使用率较低，SQL Server 2005中提供多种工具方便将数据导出为应用程序（如Access、Microsoft Excel）支持的格式，而不必在操作数据前先将所有数据从SQL Server 2005实例复制到该工具中。

SQL Server 2005提供多种工具来完成数据的导入，其中图形界面的导入/导出向导直观、简单。这里介绍使用图形界面导入/导出向导来完成Excel工作表的整个过程。使用SSMS对数据库导入数据的过程如下：

（1）先在SSMS面板中选择并展开服务器，然后单击右键需要导入数据的数据库，在弹出的快捷菜单中选择"任务"命令，最后选择"导入数据"命令，如图7-2-1-1所示。随后出现数据导入向导，如图7-2-1-2所示。

图 7-2-1-1　数据的导入

图7-2-1-2　数据导入导出向导

（2）单击"下一步"，用户可以在"选择数据源"窗口中选择数据源。这里我们选择将Excel表中的数据导入到SQL Server 2005中，因此需要在"数据源"下拉列表框中选择"Microsoft Excel"选项，然后单击"Excel文件路径"后的"浏览"，以选择要导入的Excel表的文件名，最后在"Excel版本"下拉列表框中选择"Microsoft Excel 97-2005"，如图7-2-1-3。

（3）单击"下一步"按钮，系统弹出如图7-2-1-4所示的"选择目标"窗口，目的是选择把数据导入到哪个数据库中。可以在"目标"下拉列表框中选择是将数据导入SQL Server、Excel表格或Access等其他数据库中。选择数据库所在的服务器，在"数据库"下拉列表框中选择目的数据库的名称，这里默认服务器名。最后选择数据库，这里默认无需修改，单击下一步按钮，系统弹出如图7-2-1-5所示的"指定表复制或查询"窗口，选中"复制一个或多个表"。

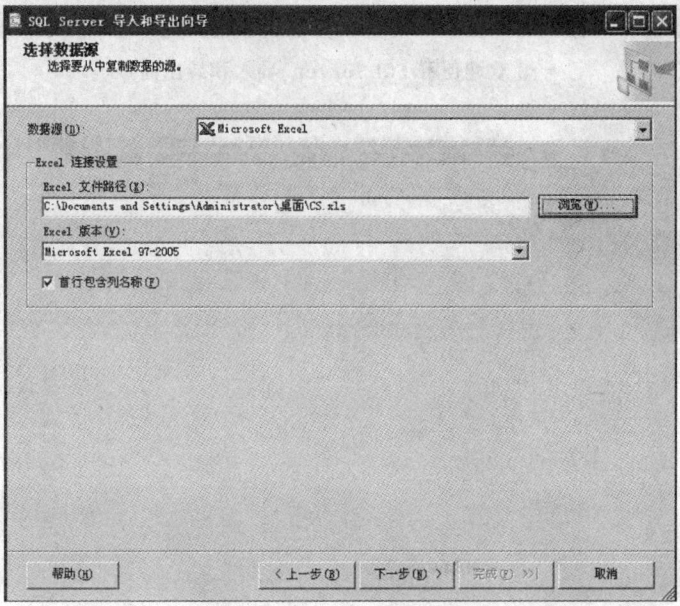

图7-2-1-3　选择数据源

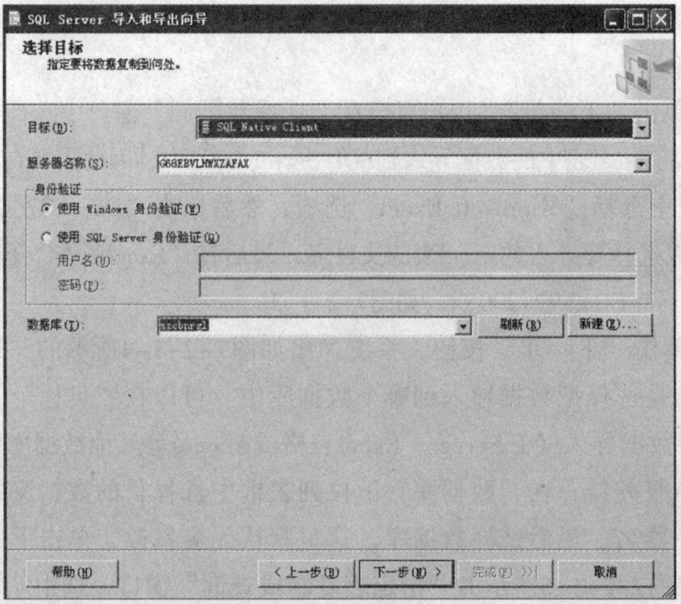

图7-2-1-4　选择目标

（4）单击"下一步"按钮，出现如图7-2-1-5所示的界面。

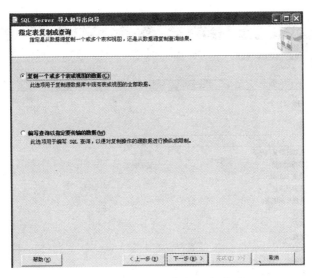

图7-2-1-5　指定表复制或查询

（5）单击"下一步"按钮，出现如图7-2-1-6所示的界面。

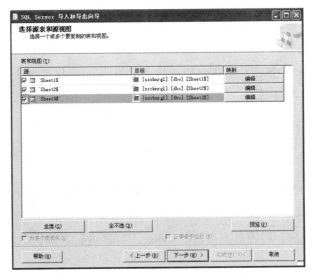

图7-2-1-6　选择要复制的表和视图

（6）单击"下一步"按钮，出现如图7-2-1-7所示的数据导入执行窗口。

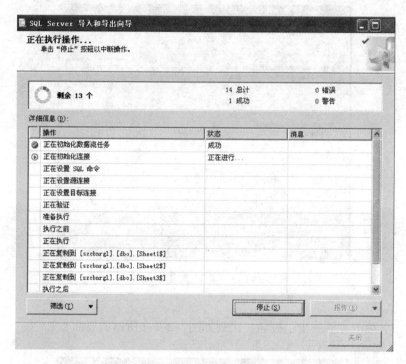

图7-2-1-7　执行导入

注意： 使用SSMS将数据库中的数据导出为Excel工作表的过程与导入过程相似，使用向导进行操作。

7.3　实训

（1）使用SSMS将"szcbnrgl"数据库执行完全数据库备份，写入到磁盘设备szcbnrgl_back中。

（2）使用SSMS将磁盘上备份的szcbnrgl_back进行一次完全恢复到szcbnrgl数据库中。

（3）使用SSMS将"szcbnrgl"数据库执行数据库差异备份，写入到磁盘设备szcbnrgl_difback中。

（4）使用SSMS将磁盘上备份的szcbnrgl_difback进行一次差异恢复到szcbnrgl数据库中。

（5）使用SSMS将"szcbnrgl"数据库执行数据库事务日志备份，写入到磁盘设备szcbnrgl_logback中。

（6）使用SSMS将"szcbnrgl"数据库数据导出为Excel格式。

7.4　习题

1. 简答题

（1）在SQL Server 2005中数据库备份方法有哪些？

（2）简述SQL Server 2005中数据恢复模式。

（3）简述SQL Server 2005数据库备份类型。

（4）数据导入和导出的含义分别是什么？

附　　录

附录一　数字出版内容管理数据库表结构与模拟数据

"资源表"的表结构

字段名	资源ID	资源类型	资源名称	资源内容	资源位置
数据类型	bigint	text	text	text	text
是否允许为空	否	否	是	是	是
约束	主键				

"资源表"的模拟数据

字段名	资源ID	资源类型	资源名称	资源内容	资源位置
模拟数据	1	文本		\<p>\<nzz5>三十年，我们一路走来，见证了上海软件产业由微到大，从刚刚萌芽发展成为超过2 000亿元的国民经济支柱产业。三十年中，上海软件中心坚持创新的理念和服务的定位，工作内容随着产业发展不断丰富，兼顾科研项目与专业服务，取得了可喜的成绩。\</nzz5>\</p>	
	2	文本		\<p>\<nzz5>上海软件中心在三十年发展道路上，每一次创新探索，每一种核心能力，每一项专业服务，都留下了深深的足迹。这里我们希望通过对中心主要业务和工作实体的介绍，以及服务案例的展示，呈现上海软件中心的核心能力与服务风采。\</nzz5>\</p>	

模拟数据	3	文本		<nzz5>上海市计算机软件评测重点实验室（简称SSTL，www.sstl.org.cn）由上海市科委批准成立于1997年，是全国最早开展软件评测服务的第三方专业机构之一，隶属于上海软件中心。</nzz5>	
	4	文本		<nzz5>上海市计算机软件评测重点实验室专业从事计算机软件工程、软件质量、软件测试与评估、网络监测与监控技术的研究，为组织信息化提供合理化评估与性能调优服务，为信息系统建设提供全程质量保障与外包、信息系统安全等级测评服务，为软件系统的质量保证提供软件测试等专业服务。</nzz5>	
	5	文本		<nzz5>SSTL已建立了一支具备职业精神、技术领先的专业团队，现有技术人员50余名，其中全国信息技术标准化技术委员会委员1人，上海市青联委员1人，上海市软件行业标兵2人，上海市启明星计划1人，上海市优秀技术带头人1人，闵行区领军人才2人，博士5人，硕士10人，本科及以上学历达到90%，50%具有中高级职称。拥有国际领先的软硬件测试、监控、分析平台，种类齐全的调优分析、性能测试、网络测试、测试管理等多种测试工具，总价值超过人民币5000万元。</nzz5>	
	6	图片	无		C：\IMAGE\image1.jpg
	7	文本	无	<nzz5>SSTL累积承担国家及上海市科研项目30多项，项目总经费超过5000万元，如国家863项目"面向集成电路的IP资源验证和组织技术研究及系统开发"、"软件开发支撑环境及其关键技术研究"、国家火炬中心项目"面向领域的软件产品测评基准库建设与应用"等。通过这些科研项目的研究，建成了国内领先的软件测试用例库、软件测试基准库，为促进我国软件测试行业展起到了积极作用。荣获上海市科学技术进步奖2项，上海市优秀工程咨询成果奖1项。</nzz5>	

字段名	文章ID	标题	作者	发布日期
数据类型	bigint	text	text	smalldatetime
是否允许为空	否	否	是	是
约束	主键			

"文章表"的模拟数据

字段名	文章ID	标题	作者	发布日期
模拟数据	1	核心能力与服务风采		
	2	上海市计算机软件评测重点实验室		

"文章对象表"的表结构

字段名	序号	文章ID	资源ID	资源顺序
数据类型	bigint	bigint	bigint	bigint
是否允许为空	否	否	否	否
约束	主键	外键	外键	

说明：

1）"文章对象表"的"文章ID"外键依赖于"文章表"的"文章ID"

2）"文章对象表"的"资源ID"外键依赖于"资源表"的"资源ID"

"文章对象表"的模拟数据

字段名	序号	文章ID	资源ID	资源顺序
模拟数据	1	1	1	1
	2	1	2	2
	3	2	3	1
	4	2	4	2
	5	2	5	3
	6	2	6	4
	7	2	7	5

"版式表"的表结构

字段名	版式ID	文章ID	资源ID	样式类型	样式标识
数据类型	bigint	bigint	bigint	text	text
是否允许为空	否	否	是	否	否
约束	主键	外键	外键		

说明：

1）"版式表"的"文章ID"外键依赖于"文章表"的"文章ID"

2）"版式表"的"资源ID"外键依赖于"资源表"的"资源ID"

"版式表"的模拟数据

字段名	版式ID	文章ID	资源ID	样式类型	样式标识
模拟数据	1	1		标题	nb1
	2	1	1	正文	nzz5
	3	1	2	正文	nzz5
	4	2		标题	nb1
	5	2	3	正文	nzz5
	6	2	4	正文	nzz5
	7	2	5	正文	nzz5
	8	2	7	正文	nzz5

附录二　出版物销售管理数据库表结构与模拟数据

"员工表"的表结构

字段名（列名）	数据类型	字段长度	是否允许为空	约束
员工工号	Char（定长字符型）	5	否	主键
姓名	Varchar（变长字符型）	8	否	唯一
性别	Bit（位类型）		否	
出生日期	Datetime（日期/时间型）		否	
部门	Nvarchar（变长宽字符型）	5	否	默认（默认值"销售科"）

"员工表"的模拟数据

字段名（列名）	员工工号	姓名	性别	出生日期	部门
模拟数据	11001	王五	0（女）	1993-10-1	办公室
	11002	赵六	0（女）	1993-10-1	办公室
	12001	李四	1（男）	1994-10-1	销售科
	12002	张三	1（男）	1994-10-1	销售科

"出版物"的表结构

字段名（列名）	数据类型	字段长度	是否允许为空	约束
出版物ISBN号	Char（定长字符型）	13	否	主键
出版物名称	Nvarchar（变长宽字符型）	13	否	
著作者	Varchar（变长字符型）	8	否	
规格	Varchar（变长字符型）	8	否	
单位	Nchar（定长宽字符型）	1	否	

"出版物"的模拟数据

字段名（列名）	出版物ISBN号	出版物名称	著作者	规格	单位
模拟数据	9787302175872	SQL基础教程与实验指导	郝安林	16开	本
	9787309050325	社会共生论	胡守钧	32开	本
	9787507740813	王选传	丛中笑	32开	套
	9787302242260	虚拟现实技术及应用	张菁	16开	本

"出版社"的表结构

字段名（列名）	数据类型	字段长度	是否允许为空	约束
出版社编号	Char（定长字符型）	6	否	主键
出版社名称	Nvarchar（变长宽字符型）	8	否	唯一
出版社地址	Nvarchar（变长宽字符型）	20	否	唯一
银行账户	Varchar（变长字符型）	20	否	唯一
联系人	Varchar（变长字符型）	8	是	

"出版社"的模拟数据

字段名（列名）	出版社编号	出版社名称	出版社地址	银行账户	联系人
模拟数据	100001	清华大学出版社	清华大学学研大厦A座	03372008017001741	温清华
	100002	复旦大学出版社	上海市国权路579号	03372008017001742	牛复旦
	100003	学苑出版社	北京市南方庄2号院1号楼	03372008017001743	划时代

"出版物采购"的表结构

字段名（列名）	数据类型	字段长度	是否允许为空	约束
序号	BigInt（长整型整数）		否	主键
采购日期	Datetime（日期/时间型）		否	
出版物ISBN号	Char（定长字符型）	13	否	外键
出版社编号	Char（定长字符型）	6	否	外键
采购员	Varchar（变长字符型）	8	否	外键

"出版物采购"的模拟数据

字段名（列名）	序号	采购日期	出版物ISBN号	出版社编号	采购员
	1	2014-3-1	9787302175872	100001	张三
	2	2014-3-1	9787309050325	100002	李四
模拟数据	3	2014-4-1	9787309050325	100002	李四
	4	2014-5-8	9787507740813	100003	李四
	5	2014-5-8	9787302242260	100001	张三

"出版物销售"的表结构

字段名（列名）	数据类型	字段长度	是否允许为空	约束
序号	BigInt（长整型整数）		否	主键
销售日期	Datetime（日期/时间型）		否	
出版物ISBN号	Char（定长字符型）	13	否	外键
数量	BigInt（长整型整数）		否	
销售员	Varchar（变长字符型）	8	否	外键

"出版物销售"的模拟数据

字段名（列名）	序号	销售日期	出版物ISBN号	数量	销售员
	1	2014-3-10	9787302175872	1000	张三
	2	2014-3-10	9787309050325	1000	李四
模拟数据	3	2014-4-18	9787309050325	1000	李四
	4	2014-5-20	9787507740813	500	李四
	5	2014-6-8	9787302242260	1000	张三

附录三 习题答案参考

第一章

1. 填空题

（1）数据库管理系统（或 DBMS）

（2）矩，菱，椭圆

（3）层次模型，网状模型，关系模型，关系模型

（4）第一范式（1NF），第二范式（2NF），第三范式（3NF）

（5）实体完整性，参照完整性，域完整性

（6）行，唯一约束，1，不能

（7）主键约束，唯一约束

2. 判断题（正确的写"T"、错误的写"F"）

（1）F　（2）F　（3）F　（4）T

3. 简答题

（1）人工管理阶段、文件系统阶段和数据库系统阶段。

人工管理阶段的特点：a）数据不能单独保存，与程序融为一体；b）数据无独立性；c）数据冗余不能共享。

文件系统阶段的特点：a）数据与程序缺乏独立性；b）数据的冗余和不一致性。

数据库系统阶段的特点：a）数据结构化；b）数据能够共享；c）数据冗余度小，易扩充；d）数据与程序的独立性较高；e）对数据实行集中统一控制。

（2）在实际应用中，数据库系统通常由硬件平台、操作系统、数据库管理系统、数据库应用和相关人员组成。

（3）层次模型、网状模型和关系模型。

层次模型：层次模型数据结构简单，对具有一对多的层次关系的描述非常自然、直观、容易理解，查询效率较高。但是，如果要实现多对多联系，则非常复杂，效率非常低，使用也不方便，应用程序的编写比较复杂。

网状模型：具有良好的性能，存取效率较高。能够更为直接地描述现实世界，如一个节点可以有多个双亲。但是，随着应用环境的扩大，数据库的结构会变得越来越复杂，编写应用程序也会更加复杂，程序员必须熟悉数据库的逻辑结构。

关系模型：具有严格的理论基础，数据结构单一，关系模型存取简单。但是，由于存取路径对用户透明化，查询效率通常不如非关系数据模型。为提高性能，必须对用户的查询请求进行优化，增加了开发数据库系统的难度。

（4）实体完整性、参照完整性、域完整性和用户定义完整性。

（5）关系：一个关系模型的逻辑结构是二维表，由行和列组成。一个关系对应一张二维表，用于存储数据，表中一行代表一个实体，表中的一列代表实体的特征。

字段：数据表中的一列称为一个字段，用来描述事物的特征，字段分为字段名和字段值。

记录：数据表中的一行称为一条记录。

主键：唯一标识记录的字段。

外键：如果一个数据表中A字段的数据只能取另一个数据表中某个字段B的值之一，则A字段称为外键。

（6）主键约束的作用：可以保证数据的实体完整性，使表中的记录是唯一可区分和确定的。主键约束的举例：如"资源表"的"资源ID"，"图书信息表"的"书号"。

唯一约束的作用：用于保证主键以外的字段值不能重复，用以保证数据的实体完整性。唯一约束的举例：如"员工信息表"的"员工姓名"（在没有重名的情况下），"专业课程信息表"的"课程名称"。

外键约束的作用：可以使一个数据库中的多个数据表之间建立关联。由于外键的取值必须是被引用主键的有效值，所以通过外键约束可以使父表与子表建立一对多的逻辑关系。外键约束的举例：如"文章对象表"的"资源ID"必须来自"资源表"中的"资源ID"，"图书销售信息表"的"书号"必须来自"图书信息表"中的"书号"。

（7）数据库的设计步骤大致可以分为需求分析、概念结构设计、逻辑结构设计、物理结构设计、数据库实施、数据库运行和维护6个阶段。设计一个完善的数据库应用系统往往是上述6个阶段不断反复、逐步优化完善的过程。

第二章

1. 填空题

（1）客户机/服务器体系结构或者Client/Server结构

（2）MS SQL SERVER

2. 判断题（正确的写"T"、错误的写"F"）

（1）T　（2）F

3. 简答题

（1）

软件要求：

SQL Server 2005安装程序需要 Microsoft Windows Installer 3.1 或更高版本以及 Microsoft 数据访问组件（MDAC）2.8 SP1 或更高版本。SQL Server 2005还需要以下软件组件：

a）Microsoft Windows .NET Framework 2.0

b）Microsoft SQL Server 本机客户端

c）Microsoft SQL Server 安装程序支持文件

d）安装Windows 2003 IIS组件

硬件要求：

RAM	最小：512MB；建议：1GB 或更高
硬盘空间	最小600MB 可用空间
处理器	兼容 Pentium III 或更高版本，最低：600MHz；推荐使用：1GHz 或更高

（2）

a）选择"开始\|程序\|Microsoft SQL Server 2005\|配置工具\|SQL Server配置管理器"命令，打开"SQL Server配置管理器"窗口。

b）展开"SQL Server 2005服务"节点，单击右键要进行操作的服务，在弹出的快捷菜单中选择相应的命令即可完成对SQL Server服务的启动、停止、暂停、恢复和重新启动等操作。

（3）

a）打开 SQL Server 2005的SSMS。

b）在菜单栏中选择"视图|已注册服务器"，在"对象资源管理器"面板上，会出现一个"已注册服务器"的面板。

c）在"已注册服务器"面板中，单击右键，弹出快捷菜单，选择"新建|服务器注册"命令。

d）在弹出的对话框中，输入服务器名称，选择身份验证方式，单击"保存"完成服务器注册。

第三章

1. 填空题

（1）master, model, tempdb

（2）主数据，事务日志

（3）新建数据库，删除

（4）附加

2. 判断题（正确的写"T"、错误的写"F"）

（1）F　（2）F

3. 简答题

（1）master数据库、model数据库、tempdb数据库和msdb数据库。

master数据库：保存了SQL Server 2005的初始化信息和所有的系统级信息，记录了所有用户的登录账户和系统配置。

model数据库：用于保存所有用户数据库和tempdb数据库的模版。每当用户创建数据库的时候，model数据库提供被创建的数据库的初始化信息。

tempdb数据库：是一个临时的系统数据库，用于为所有临时表、临时存储过程以及其他的临时操作提供存储空间。关闭SQL Server 2005时，tempdb数据库中的临时数据对象都会被删除。

msdb数据库：由SQL Server 2005代理用于计划警报和作业等用途。

（2）主数据文件、辅助数据文件和事务日志文件。

主数据文件：主要存放数据库的启动信息，并存放数据。每个数据库有且仅有一个主数据文件。

辅助数据文件：用于存放数据，主要存放没有存放在主数据文件中的数据。每个数据库可以有多个或者没有辅助数据文件。

事务日志文件：用于保存恢复数据库的所有日志信息。每个数据库中必须至少包含一个事务日志文件。

（3）数据库主数据文件的扩展名为.mdf，辅助数据文件的扩展名为.ndf，事物日志文件的扩展名为.ldf。

第四章

1. 填空题

（1）系统，用户

（2）数值型，字符型，统一字符型，二进制型

（3）字段名，字段的数据类型

（4）新建表

2. 判断题（正确写"T"、错误写"F"）

（1）F　（2）T　（3）T

3. 简答题

（1）在物理存储上，字符型中的每一个字符占一个字节的空间，而统一字符型中的每一个字符占两个字节的空间。

（2）包含新建数据表、设置约束和输入模拟数据。

新建数据表：包含设置字段名称、字段类型、是否为空等。

设置约束：注意约束设置的先后顺序。

输入模拟数据：注意输入数据的先后顺序。

4. 论述题

略。

第五章

1. 填空题

（1）查询语句，实际数据，数据表，基表

（2）标识符，唯一

（3）聚集索引，非聚集索引

（4）聚集

2. 简答题

（1）

a）通过创建唯一性索引，可以保证数据库表中每一行数据的唯一性。

b）可以大大加快数据的检索速度，这也是创建索引的最主要原因。

c）可以加速表和表之间的连接，特别是在实现数据的参考完整性方面特别有意义。

e）在使用分组和排序子句进行数据检索时，可显著减少查询中分组和排序的时间。

f）通过使用索引，可在查询的过程中，使用优化隐藏器，提高系统的性能。

（2）聚集索引表示表中存储的数据按照索引的顺序存储，检索效率比非聚集索引高，但对数据更新影响较大。非聚集索引表示数据存储在一个地方，索引存储在另一个地方，索引带有指针指向数据的存储位置，非聚集索引检索效率比聚集索引低，但对数据更新影响较小。

（3）对于那些很少设计的列、重复值比较多的列不要建立索引。例如，在查询中很少使用的列，有索引并不能提高查询速度，反而增加了系统维护时间和消耗了系统空间；如，"性别"列中的值只有"男"和"女"，增加索引并不能显著提高查询速度。

对于定义为"text"、"Image"和"Bit"的数据类型不要建立索引。因为这些数据类型的数据列的数据量要么太大、要么太小，不利于使用索引。

（4）在创建聚集索引时，应考虑在以下列上创建：① 字段值唯一的列（特别是标识列），或绝大部分字段都不重复的列（如90%字段值都不重复的列）。② 按顺序被访问的列

（Order By子句后的列）。③ 在结果集中经常被查询的列。

尽量避免在以下列上创建聚集索引：① 更新频繁的列。因为在数据更新时，为保持与聚集索引的一致性必须移动表中的记录。对数据量大的数据表而言这种过程是耗时的，因而不可取。② 宽度比较长的列。因为非聚集索引的键值都包含聚集索引的键，这会导致所有非聚集索引的"膨胀"，增加非聚集索引的长度，降低查询效率。

第六章

1. 填空题

（1）算术，逻辑

（2）Drop Table，Create View，Alter View，Drop View，Create Index，Drop Index

（3）select * from 资源表 where资源ID >2 and 资源ID<5

（4）order by，asc，desc

（5）select * from 版式表order by文章ID desc，样式ID asc

2. 简答题

（1）

a）集定义、数据操纵、数据管理的功能于一体，语言风格统一，可以独立完成数据库的全部操作。

b）高度非过程化，提出"做什么"，而不是"怎么做"；面向集合的操作方式，结果是元组的集合。

c）语言简洁，易学易用，只有7个动词（select，drop，alter，create，insert，update，delete）。

（2）

DDL——数据定义语言（CREATE，ALTER，DROP，DECLARE）

DML——数据操作语言（SELECT，DELETE，UPDATE，INSERT）

DCL——数据控制语言（GRANT，REVOKE，COMMIT，ROLLBACK）

（3）

①IF…句型。该句型的语法格式如下：

IF Expression

Begin

    语句块

End

②IF…Else…句型。其语法格式如下：

IF Expression

    语句块1

Else

    语句块2

③Case 语法格式如下：

Case Input_Expression

When When_Expression Then Result_Expression

    ［Else Else_Result_Expression］

End

④While语句是经典的循环控制语句，其语法格式如下：

While Expression

Begin

语句块

End

第七章

1. 简答题

（1）完全备份、差异备份和事务日志备份。

（2）SQL Server 2005为数据库提供了3种恢复模式：完整恢复模式、简单恢复模式和大容量日志恢复模式。

完整恢复模式：数据库引擎把所有操作都记录到事务日志上，并且数据库引擎绝对不会截断日志。完整恢复模式能使数据库恢复到故障时间点（在SQL Server 2005 Enterprise版中，可以恢复到一个比这更早一些的时间点）。

简单恢复模式：数据库引擎最低限度地记录大多数操作，并在每个检查点之后截断事务日志。在简单恢复模式下，不能备份或还原事务日志。此外，也不能还原单独的数据页。

大容量日志恢复模式：数据库引擎对大容量操作（诸如SELECT INTO和BULK INSERT）进行最小记录。如果一个日志备份包含任何大容量操作，就可以使数据库恢复到日志备份的结尾，但不能恢复到某个时间点。大容量日志模式仅用于大容量操作期间。

（3）完全备份：创建备份完成时数据库内存在的数据的副本。

差异备份：只记录自上次数据库备份后发生更改的数据。差异数据库备份比数据库备份小，而且备份速度快，因此可以更经常地备份，经常备份将减少丢失数据的危险。

日志备份：是自上次备份事务日志后对数据库执行的所有事务的一系列记录。可以使用事务日志备份将数据库恢复到特定的即时点（如输入多余数据前的那一点）或恢复到故障点。

文件组备份：可以备份和还原数据库中的个别文件。可以只还原已损坏的文件，而不用还原数据库的其余部分，从而加快了恢复速度。

（4）导入数据是从SQL Server 2005的外部数据源中检索数据，并将数据插入到SQL Server 2005表的过程。

导出数据是将SQL Server 2005数据库中的数据提取出用户需求格式的过程，例如将SQL Server 2005数据库表的内容复制到Microsoft Access数据库中。SQL Server 2005中提供多种工具方便将数据导出为应用程序（如Access、Microsoft Excel）支持的格式，而不必在操作数据前先将所有数据从SQL Server 2005实例复制到该工具中。